Edition Maritim

Frédéric Ollivier

LUXUSLINER

DIE GOLDENE ÄRA DER TRAUMSCHIFFE

Edition Maritim

Vorwort

Die Erinnerung kann nicht anders als schön sein: Ich besteige das Schiff, ohne mich umzudrehen oder mit dem Taschentuch zu winken. Ich habe beschlossen, mich ohne Gepäck an Bord dieses Buches zu begeben und die Erinnerung wachzurufen, um so leichter auf dem Wellengang der Zeit die Ozeane überqueren zu können. Ich suche die kleinsten Winkel der Schiffe auf, um von den vielen Legenden zu erfahren und deren Umrisse vor dem Hintergrund der Unendlichkeit besser zu erkennen.

Auf dieser Bilderreise stellt sich die Erinnerung wieder ein: Ich diniere an der Kapitänstafel, schnappe frische Luft auf dem Promenadendeck. Ich sehe, wie sich die Küste entfernt und die nächste wieder näher kommt und lasse die blauen Bänder im Wind flattern. Und vor allem atme ich den Duft der weiten Welt. Ich durchquere die Seiten mit all diesen Reisen und erlebe dabei die Geräusche, Bewegungen, Farben, die Erschütterungen, das Rollen und Stampfen, die Träume, die traurigen Abschiede und das Glück des Wiedergefundenen erneut. Ich fühle die große Lust, die Welt wieder durch ein Bullauge zu betrachten, das von der Meeresgischt getrübt wird. Ich tanze Walzer im Ballsaal und verbringe eine Woche außerhalb der Zeit, im kleinen geschlossenen Universum eines Ozeanriesen. Ich will keine Kreuzfahrt, sondern eine Seereise unternehmen.

Wer jemals auf einem Atlantikliner eine Überfahrt gemacht hat, schleppt einen Rattenschwanz köstlicher, nostalgisch verklärter Erinnerungen mit sich herum. Man kann sagen und hoffen, was man will, aber das spezielle Ambiente dieser wundervollen Schiffe wird es nicht mehr geben. Sie sind verschwunden, vergessen, untergegangen, sie existieren einfach nicht mehr.

Natürlich gibt es heute neue, größere und ebenso schöne Schiffe. Aber da sie nicht mehr dem früheren Zweck dienen, haben sie einen Teil ihrer Seele verloren – sie sind zu Ferienorten geworden. Das ist für die heute Lebenden ohne Zweifel schön und gut, insgesamt aber doch etwas anderes. Der Atlantik erscheint vom Flugzeug aus gesehen wie ein See, und man kann seine Stimmungsänderungen nicht einmal mehr erraten. Amerika ist nur noch wenige Stunden von uns entfernt. Und der Gedanke, überall Zeit sparen zu müssen, setzte schließlich der Notwendigkeit ein Ende, sich für einige Tage vom Rest der Welt zu isolieren, wenn man sich auf einen anderen Kontinent begeben wollte.

Ich erzähle kurz von meiner ersten Atlantiküberquerung: Ich war gerade elf Jahre alt geworden und fuhr zu meiner Mutter, die in New York ein neues Leben begonnen hatte. Dazu wurde ich einem Onkel und einer Tante anvertraut, die sich auf ihrer Hochzeitsreise befanden. Sie reisten in der ersten, ich in der zweiten Klasse und warfen immer mal von Weitem einen Blick auf mich. Anders gesagt: Ich reiste allein ... Da dies zu jener Zeit nicht häufig vorkam, nahm mich die *De Grasse* unter ihre schützenden

Fittiche. Sie wurde schnell zu meinem Königreich. Ich war ihr verhätscheltes Kind, eine Reisende in einem Feenmärchen. Trotz des schlechten Wetters an jenem Februaranfang war ich in einem Wunderland unterwegs. Als Einzige durfte ich die Grenze zwischen der ersten und der zweiten Klasse überschreiten. Alles glänzte, alles war frisch gestrichen, alles roch gut. Ich zählte die Knöpfe an den Uniformen der Schiffsjungen. Ich ließ mir erklären, warum das Stampfen des Schiffes meinen Schritt einmal so leicht und ein andermal so schwer machte. Ich bewunderte die hübschen Damen und die gut aussehenden Herren, die auf den langen Sofas saßen, eingehüllt in eine der Decken der Reederei. Ich spielte an den am Boden festgeschraubten Tischen mit kleinen Pferden, Karten und Dominosteinen. Der Teppich im Spielzimmer für die Kinder roch gut nach Kautschuk. Es erschien mir so groß wie ganz Frankreich, das sich immer weiter entfernte im Rhythmus der kleinen Fähnchen, die in regelmäßigen Abständen auf die Atlantikkarte gesteckt wurden und die unsere augenblickliche Position anzeigten.

Längen- und Breitengrade tauchten in meinem Wortschatz auf. Ich schaute mir sogar Trickfilme im Kino an. In der Hoffnung, dass meine Reise länger dauern würde, stellte ich beim Schlafengehen die Uhr, die mir mein Vater bei der Abreise geschenkt hatte, sorgfältig um eine Stunde zurück. Wenn ich einmal erwachsen sein würde, wollte ich bei der French Line arbeiten und die Kinder in dem wundervollen Spielzimmer betreuen ... Das war damals mein innigster Wunsch.

»New York«, so sagte Paul Eluard, »ist eine Stadt, die Sie aufrecht erwartet.« Ich sah zu, wie sie uns im Morgennebel empfing. Ich sah Ellis Island, die Freiheitsstatue, die Schlepper, die auf dem Deck aufgereihten Gepäckstücke. Dann machte die *De Grasse* am Kai fest. In Galauniform grüßte uns die Besatzung, während wir die lange Laufbrücke hinabschritten. Das war das Ende der Reise.

Später kamen weitere hinzu: auf der *Ile de France* und der *France*. Sie alle waren unterschiedlich, alle magisch, alle unvergesslich, wie es auch die großen Schiffe sind, die auf diesen Seiten wiederaufleben. Während mehr als einem Jahrhundert waren sie trotz Kriegen und Unglücken das verbindende Glied zwischen der Alten und der Neuen Welt und für ihre Länder die besten Botschafter.

Anne d'Ornano

Für die von mir geliebten Laure-Celeste und Ines – und das, was uns verbindet.

INHALT

EINFÜHRUNG

Das große Jahrhundert der Passagierdampfer ist eben gerade zu Ende gegangen, und so dürfen wir heute einen Blick zurückwerfen. Bis zur Mitte des 19. Jahrhunderts konnte man die Meere nur mit Segelschiffen überqueren. Die Zeit, die man brauchte, um zum Beispiel von Europa nach Amerika zu gelangen, bemaß sich damals nach Wochen, wenn nicht Monaten, aber keinesfalls nach Tagen oder gar Stunden.

Lange Seereisen und ganz besonders natürlich eine Atlantiküberquerung waren damals richtige Abenteuer: riskant, gefährlich, sehr stark von äußeren Ereignissen und vom Zufall des Wetters abhängig. Niemand hätte zu jener Zeit einfach zum Vergnügen eine Seereise unternommen und dabei Wochen auf dem Meer zugebracht!

Nachdem der Dampfantrieb endgültig über den Windantrieb mithilfe der Segel triumphiert hatte, fanden die bedeutendsten Entwicklungen und Veränderungen bei den Passagierschiffen im 20. Jahrhundert statt. Gegen Ende des Jahrhunderts erlebte die Branche einen zeitweiligen Niedergang. Doch darauf folgte eine erstaunliche Renaissance, und heute scheint nichts mehr den Aufstieg der Kreuzfahrtschiffe bremsen zu können.

Aus der Zeit der Atlantiküberquerungen und der Kreuzfahrten in ferne Länder: links die Titanic *bei der Ausfahrt aus dem Hafen von Southampton am 10. April 1912, rechts die* Paul Gauguin*, ein kleines Kreuzfahrtschiff, das sich auf Fahrten in Polynesien spezialisiert hat (oben).*
Die Queen Mary *fährt in den 1950er-Jahren ins Trockendock von Southampton ein. Das war die Zeit, in der die Cunard Line auf ihrem Höhepunkt war. Der Docking Master gibt mit seiner Handbewegung zu verstehen, dass das Manöver beendet ist und das Schiff sich in der richtigen Position befindet (linke Seite).*

ÜBER 100 JAHRE GESCHICHTE

Es fällt immer schwer, eine längere historische Periode zeitlich genau einzugrenzen. Im Jahre 1900 war Europa immer noch das Europa des Wiener Kongresses. Napoleons Gegner hatten damals, 1814 und 1815, die Grenzen der Länder neu festgelegt. Das 20. Jahrhundert war die Zeit der europäischen Krisen: Es begann in Wirklichkeit erst 1914 mit dem Ersten Weltkrieg und ging 1989 mit dem Fall der Berliner Mauer zu Ende. Er bedeutete das Ende der Aufteilung unseres Kontinents.

Das 20. Jahrhundert der Passagierschiffe hingegen begann deutlich früher als 1914 und ging nach 1989 zu Ende. Der Anfang lag im Jahre 1897, als die *Kaiser Wilhelm der Große* ihren Dienst aufnahm. Sie war das größte und schnellste Schiff ihrer Zeit. Ihre lange Silhouette mit den vier Schornsteinen diente allen Schifffahrtsgesellschaften bis 1914 als Vorbild. Das Jahrhundert ging 107 Jahre später symbolisch mit der Indienststellung der *Queen Mary 2* zu Ende. Dieses riesige Schiff ist im Wesentlichen für die Königsstrecke im Nordatlantik bestimmt. Man kann sich fragen, ob dieses Schiff nicht doch, lange nach der *France*, der *Michelangelo* und der *Queen Elizabeth 2*, eine Renaissance der großen Atlantiküberquerungen ankündigt. Das Erscheinen dieses außergewöhnlichen Schiffes nach einer langen genealogischen Unterbrechung stellt jedenfalls ein großes seefahrtsgeschichtliches Ereignis dar.

Zwischen diesen beiden Daten, 1897 und 2004, folgte das große Jahrhundert der Passagierschiffe sehr oft den Pulsschlägen der Weltgeschichte. Um dies zu zeigen, reicht es aus, die Rolle der großen Dampfer während der beiden Weltkriege in Erinnerung zu rufen.

Reisebilder: Die Passagiere der De Grasse *sehen zu, wie sich ihr Schiff Ende der 1940er-Jahre von New York entfernt (oben links und linke Seite).*
Ein berühmter Reisender, Camille Saint-Saens an Bord der Rochambeau *bei seiner zweiten Reise in die Vereinigten Staaten im Jahre 1915 (oben rechts).*

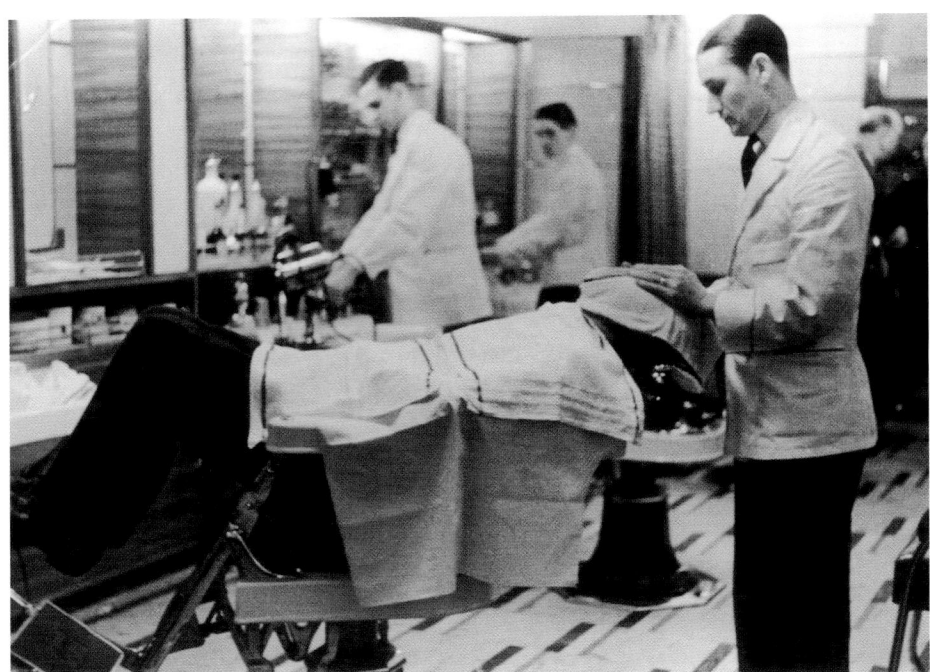

Abgesehen vom Bau neuer Schiffe und vom Kampf um das Blaue Band auf der Atlantikroute fanden im Jahrhundert der Passagierschiffe bedeutende Ereignisse statt, etwa die legendären Katastrophen, die einigen unglücklichen Schiffen zustießen, etwa der *Titanic*, der *Empress of Britain*, der *L'Atlantique* und der *Andrea Doria*.

DAS REICH DES GROSSEN TRANSATLANTIKDAMPFERS

Das Jahrhundert wurde bis ungefähr 1970 von einem besonderen Schiffstyp dominiert: dem großen Transatlantikdampfer. Bis zum Aufkommen der Supertanker und der ersten riesenhaften Kreuzfahrtschiffe gegen Ende der 1960er-Jahre standen die Transatlantikdampfer unter allen Handelsschiffen an erster Stelle, sowohl was Geschwindigkeit als auch Dimensionen anbetraf.

Im Jahre 1914 bildete der Nordatlantik die einzige Verbindungsachse, auf der mit Geschwindigkeiten von über 20 Knoten gefahren wurde. 25 Jahre später, 1939, war die Situation unverändert. Doch damals nahmen einige Schiffe, die schneller waren als 20 Knoten, den Dienst im Südatlantik und auf der Australienroute auf. Zur gleichen Zeit erreichten mehrere Schiffe auf der Nordatlantikroute nunmehr noch höhere Geschwindigkeiten zwischen 27 und 30 Knoten, unter ihnen die unvergesslichen *Bremen*, *Europa*, *Rex*, *Conte di Savoia*, *Normandie* und *Queen Mary*.

Der Vergleich der Dimensionen ist aufschlussreich. Die Compagnie Générale Transatlantique (CGT) rüstete 1938 ungefähr 75 Schiffe mit insgesamt 570 000 Bruttoregistertonnen (BRT) aus. Innerhalb dieser Flotte, die die French Line zu einer der größten Reedereien der Welt machte, beanspruchten die sechs Transatlantikdampfer 230 000 BRT, mithin 40 Prozent. Sie machten die

Hälfte des Gesamtumsatzes. Im Schnitt hatten die Transatlantikdampfer der French Line einen Rauminhalt von 40 000 BRT, während die anderen Schiffe der Flotte auf keine 5000 BRT kamen!

DAS ZUSAMMENWIRKEN DER KRÄFTE

Wenn somit das 20. Jahrhundert zum großen Jahrhundert der Passagierschiffe wurde, dann war dies nur möglich durch ein einzigartiges Zusammenwirken mehrerer Faktoren in einer relativ kurzen Zeit. Es führte zum Bau außergewöhnlicher Schiffe, die ihrer Zeit ein unauslöschliches Gepräge verliehen.

Der erste dieser Faktoren hat seinen Ursprung in der Geschichte der europäischen Kontinents. Ganze Völkerscharen setzten sich im Laufe des 19. Jahrhunderts in Bewegung. Viele wanderten aus und beeinflussten damit tief greifend den Transport auf dem Meer. Von diesem Gesichtspunkt aus stellten die demografische Entwicklung in Europa und die entsprechende Auswanderung einen der wichtigsten Faktoren dar.

Parallel dazu begannen auch die Eliten zu reisen – aus geschäftlichen Gründen oder zum eigenen Vergnügen. Sie legten durchaus Wert auf soziale Unterschiede. Dadurch entstanden im Auftrag der großen europäischen Reedereien vom Ende des 19. Jahrhunderts an die ersten großen Passagierschiffe mit drei bis vier Klassen.

Eng mit diesen sozialen Gegebenheiten sind ebenso bedeutende wirtschaftliche Faktoren verknüpft. Man muss hier natürlich die starken Bindungen zwischen der europäischen und der nordamerikanischen Wirtschaft noch vor der Zwischenkriegszeit erwähnen. Dazu kam, dass neue Länder internationale Verbindungen aufbauten und innerhalb kurzer Zeit zu bedeutenden wirtschaftlichen Akteuren wurden. Das gilt zum Beispiel für Argentinien und für konsolidierte Kolonialreiche in Asien und Afrika.

Abgesehen vom Nordatlantik bewirkten neue Güterströme die Eröffnung regelmäßiger Schiffsverbindungen auf der ganzen Welt. Europa blieb dabei mehr denn je das Zentrum, mindestens bis zum Jahre 1939.

Man muss auch noch die politischen Kräfte und die Rolle der europäischen Staaten erwähnen: Seit dem Beginn des 20. Jahrhunderts unterhielten sie große Schifffahrtsgesellschaften. Die Gründe dafür waren teils wirtschaftlicher Natur, und teils ging es einfach um nationales Prestigedenken.

Mehr als jeder andere forderte Kaiser Wilhelm II. die großen deutschen Reedereien, den Norddeutschen Lloyd und die Hamburg-Amerika Linie, auf, große Passagierschiffe zu bauen, die den Schiffen der Cunard und der White Star Line Konkurrenz machen sollten. Ihren Höhepunkt erreichte diese Entwicklung in der Zeit zwischen 1910 und 1914 mit der Realisierung des Dreigestirns *Imperator, Vaterland* und *Bismarck*. Einige Jahre zuvor hatte die britische Regierung

Ein traditioneller Zeitvertreib: eine Art Pferderennen mit Wetteinsätzen, hier im großen Salon der America *im Jahre 1940 (oben). Ein Star und die Journalisten: Greta Garbo an Bord des schwedischen Passagierschiffs* Gripsholm *im Jahre 1936 (linke Seite).*

Ungewöhnliche Passagiere, nämlich eine Gruppe amerikanischer Freiwilliger der Internationalen Brigade im Juli 1938 an Bord der Champlain. *Sie kehren nach dem Einsatz im Spanischen Bürgerkrieg in die Vereinigten Staaten zurück (ganz oben). Ein kurzer Augenblick der Aufmerksamkeit für das Schiff: das Ablesen von Messinstrumenten im Maschinenraum der* Queen Elizabeth *(oben).*

der Cunard Line die nötigen finanziellen Mittel für den Bau der *Lusitania* und der *Mauretania* zur Verfügung gestellt, damit die Nation auf diesem Gebiet nicht endgültig den Anschluss verlor.

Später vereinigte die faschistische Regierung in Italien die großen Reedereien des Landes unter einem Dach, um gemeinsam die *Rex* und die *Conte di Savoia* zu betreiben. Zu Beginn der 1930er-Jahre führte eine komplexe Entwicklung am Ende zur Verstaatlichung der CGT. Damals entschied die französische Regierung, dass der Staat die Baukosten für die wundervolle *Normandie* übernehmen solle.

LUXUS UND TECHNISCHER FORTSCHRITT

Zu den großen Bewegungen, die die Geschichte formten, traten weitere spezifisch maritime Faktoren. Der erste steht in Zusammenhang mit der Unternehmenspolitik der Schifffahrtslinien. Sie begriffen sehr früh, dass ihre Schiffe etwas ganz Besonderes sein mussten, mehr als nur sicher, regelmäßig, pünktlich und bequem. Den Komfort hatte die Cunard Line von Anfang an zum wichtigsten Grund für eine Buchung auf ihren Schiffen gemacht.

Zur Jahrhundertwende und insbesondere bei der ganz neuen Generation von deutschen Schiffen, deren Vorläuferin die *Kaiser Wilhelm der Große* war, fand der Luxus seinen Weg auf das Meer, vor allem durch Vermittlung großer Innenarchitekten wie von Johannes Poppe. Anfänglich transponierte man einfach die Stile des Festlandes auf das Meer. Doch in der Zwischenkriegszeit erfand man den Luxus auf dem Wasser vollkommen neu. Schon sehr früh verlieh er den großen Passagierdampfern eine neue Bedeutung, und so wurden sie zu Prestigeobjekten.

Das zweite Element war der technische Fortschritt. In der Zeit zwischen 1880 und 1914 machte der Schiffbau eine wundervolle Verwandlung durch. Sie verlief parallel zur Weiterentwicklung des Transports auf den Wasserwegen. Zu Beginn der Achtzigerjahre des 19. Jahrhunderts hieß das beste Schiff der Cunard Line *Servia*. Sie war rund 160 m lang und mit kaum 15 m ziemlich schmal. Eine einzige Schiffsschraube erlaubte ihr – zusammen mit Segeln – eine Geschwindigkeit von 17 Knoten. 15 Jahre später war die *Kaiser Wilhelm der Große* doppelt so groß und hatte keine Gemeinsamkeiten mehr mit den Segelschiffen, die ihr vorangingen. Im Jahre 1907, 25 Jahre nach der *Servia*, schufen die *Lusitania* und die *Mauretania*, die ihrerseits nun doppelt so groß waren wie die *Kaiser Wilhelm*, eine Art technischen Standard, der bei den großen Passagierschiffen bis zur *France* des Jahres 1961 Gültigkeit hatte: vier Schiffsschrauben, Antrieb mit Dampfturbinen. In den Jahren 1913 und 1914 wurde mit den Giganten der HAPAG, der *Imperator* und der *Vaterland*, ein Rauminhalt von 50 000 BRT erreicht, das Zehnfache der *Servia*.

Von Menschen und Schiffen

Abgesehen von den geschichtlichen Bewegungen und Entwicklungen muss man noch von großen Persönlichkeiten sprechen. Ihnen vor allem ist dieses Buch gewidmet.

Das Jahrhundert der Passagierschiffe war zunächst einmal das der großen Reeder wie Albert Ballin in Deutschland und John Dal Piaz in Frankreich. Es ist die Zeit der großen Gestalter wie Alexander Carlisle, der die *Titanic* entwarf, oder William Francis Gibbs, des Vaters der *United States*. Es ist die Zeit der großen Schiffbauer wie Lord Pirrie (Harland & Wolff) oder René Fould (Chantiers de Penhoet). Dazu kommen die großen Kommandanten, etwa Joseph Blancart auf der *Ile de France* oder Vater und Sohn Warwick, die hintereinander die *Queen Elizabeth 2* befehligten. Sie haben durch ihr Engagement, ihre Arbeit, ihr Handeln und ihren Mut diesen Schiffen Leben eingehaucht.

Das 20. Jahrhundert, das gerade zu Ende ging, sah höchst bemerkenswerte Schiffe, die zu Legenden wurden: die *Mauretania*, die 22 Jahre lang das Blaue Band innehatte; die *Titanic* unter dem Zeichen der Tragödie; die *Ile der France* mit ihrem dreifachen langen Leben; die *Rex*, die Verkörperung des Films »Amarcord«; die unvergessliche *Normandie*; die *Queen Mary*, eine Majestät vom ersten Tag an; die *United States* mit ihrem so lange Zeit unsicheren Schicksal; die *Andrea Doria* als Opfer des letzten Dramas auf dem Atlantik; die *France*, die unter dem Zeichen des Niedergangs der Transatlantiklinie nach New York stand und dann zum ersten riesenhaften Kreuzfahrtschiff umgebaut wurde; die *Queen Elizabeth 2*, die in unsicherer Zeit das Überleben einer langen Tradition bedeutete; und die *Queen Mary 2*, deren Geschichte gerade eben begonnen hat.

Der Beginn einer langen Schiffsreise auf dem Promenadendeck des französischen Dampfers De Grasse. *Die Passagiere beziehen kurz vor dem Lichten der Anker ihre Kabinen.*

Das Schicksal der Giganten
1897–1914

Das Schicksal der Giganten
1897–1914

Am Vorabend großer historischer Veränderungen kann man immer ein auslösendes Ereignis ausmachen, das genügend Kraft und dauerhafte Spannung erzeugt, sodass schließlich der Lauf der Dinge verändert wird.

Am 1. August 1889 fand in Spithead, zwischen Portsmouth und der Insel Wight gelegen, eine der großen Flottenparaden des 19. Jahrhunderts statt. Zu diesem außergewöhnlichen Schauspiel konnte die Royal Navy, damals mit Abstand die größte Kriegsflotte der Welt, Dutzende von Kriegsschiffen aufbieten. Den Vorwand für die unglaubliche Zurschaustellung lieferte der junge deutsche Kaiser Wilhelm II., der mit seinem Admiral Tirpitz Großbritannien besuchte. Man muss dieses Ereignis im komplizierten Beziehungsgeflecht der europäischen Mächte sehen. Aber es hatte auch eine nicht zu unterschätzende familiäre Dimension: Wilhelm II. war ein Enkel der englischen Königin Victoria und wurde von ihr Willie genannt. Er war ein Mitglied der britischen Königsfamilie aus dem Haus Sachsen-Coburg-Gotha, die sich später in Windsor umbenannte.

Aufgrund seines Temperaments und seiner Erziehung und weil er von Anfang an seine physische Benachteiligung maskieren wollte, wurde er von einem Konkurrenzdenken dominiert, das weit über jene sportliche Haltung hinausging, die man im Verhältnis etwa zu seinen Onkeln und Cousins hätte erwarten können.

Im Jahre 1891 kaufte Wilhelm zum Beispiel die von George Lennox Watson entworfene

Zwei Ansichten der Mauretania, *des vielleicht berühmtesten Schiffs der Cunard Line. Sie hatte von 1907 bis 1919 das Blaue Band inne. Im Weltkrieg wurde sie unter anderem als Spitalschiff eingesetzt (oben). Der deutsche Nationalismus auf dem Höhepunkt: Die* Imperator, *der größte Dampfer des Jahres 1913, erhielt eine beeindruckende Galionsfigur mit der Inschrift:* »Mein Feld ist die Welt«. *Die See sorgte aber schnell dafür, dass der Adler beschädigt wurde, sodass man den Rest schließlich demontierte (linke Seite).*

Ansicht der Werft der AG Vulcan Stettin, im heutigen Szczecin in Polen. Hier wurden u. a. 1895–1897 die Kaiser Wilhelm der Große sowie weitere große deutsche Transatlantikdampfer gebaut.

Thistle, die früher um den America's Cup gekämpft hatte, und benannte sie in *Meteor* um. 1895 gab der Prince of Wales, der spätere König Edward VII., bei Watson eine einmastige Rennyacht in Auftrag, die fantastische *Britannia*. Sie gewann bis 1935 Hunderte von Regatten. Als Antwort auf die *Britannia* ließ Wilhelm II. einen ähnlichen Segler bauen, die *Meteor II.* Und er wollte auch ein Konkurrenzereignis zur Cowes Week schaffen und gründete dazu höchstpersönlich die heute noch bestehende Kieler Woche.

Der Kaiser, der nur knapp ein Jahr zuvor den Thron bestiegen hatte, war schon lange von der See und der Schifffahrt fasziniert. In Spithead beobachtete er aufmerksam, was ihm die mächtige Royal Navy vorführte. Unter den eingeladenen Schiffen war auch ein neuer Dampfer, der einige Tage später an die White Star Line ausgeliefert werden sollte. Diese Reederei hatte Thomas Ismay gegründet, und sie war auf der Nordatlantikroute die einzige Konkurrentin der Cunard Line. Das Schiff war 177 m lang und 20 Knoten schnell. Entworfen hatte es Alexander Carlisle, Chefingenieur der großen Belfaster Werft Harland & Wolff.

Diese *Teutonic* war viel größer als jedes der in Spithead gezeigten Kriegsschiffe und besaß zwei bemerkenswerte Eigenschaften: Sie war der erste Dampfer, auf dem man keine Segel mehr setzen konnte, und sie war als Hilfskreuzer konzipiert. Und so trat das lange schwarze Schiff mit den gelben Schornsteinen mit Kanonen bewaffnet auf – nur wenige Tage vor seiner Jungfernfahrt.

Wilhelm wollte die *Teutonic* besuchen. Er verbrachte mehrere Stunden an Bord und inspizierte mit größter Sorgfalt die Einrichtungen, die für die Passagiere der ersten und zweiten Klasse reserviert waren. Nach seiner Rückkehr nach Deutschland trug er die Überzeugung in sich, an der er zeitlebens festhielt: Deutschland war trotz seiner großen Werften und Reedereien außerstande, mit der britischen Konkurrenz, vor allem den irischen oder schottischen Schiffbauern, mitzuhalten, sollte aber trotzdem die größten Passagierdampfer der Welt bauen und ausrüsten.

Die Teutonic *der White Star Line, 1889 in Dienst gestellt (ganz oben).*
Thomas Ismay geleitet in Spithead 1889 Kaiser Wilhelm II. auf die Teutonic *(oben).*

STETTIN, 1897

Es mussten fast acht Jahre vergehen, bis eine große deutsche Reederei, der Norddeutsche Lloyd, die Hoffnungen des Kaisers erfüllen konnte. Der große Tag kam am 3. Mai 1897. Wilhelm II. besuchte die Vulcan-Werft in Stettin, um das größte, schnellste und bemerkenswerteste Schiff seiner Zeit vom Stapel laufen zu lassen.

Dazu hatte man beträchtliche technische und industrielle Ressourcen mobilisieren müssen. Man war auf Ingenieure aus Großbritannien angewiesen, um den Bau des fast 200 m langen Schiffes zu einem guten Ende zu bringen. Es war so innovativ, dass mit ihm der Bau großer Dampfer bei der Technik des 20. Jahrhunderts angekommen war. Das Schiff eröffnete eine zehn Jahre während Phase der deutschen Herrschaft auf der Nordatlantikroute. Sie dauerte bis zur Indienststellung der *Lusitania* und der *Mauretania* im Jahre 1907.

Diese *Kaiser Wilhelm der Große* war das erste Passagierschiff mit vier Schornsteinen. Ihre Silhouette zeigten dann die meisten prestigeträchtigen Dampfer europäischer Reedereien, die vor 1914 gebaut wurden. Eine bemerkenswerte Ausnahme bildeten kurz vor Kriegsbeginn die drei Riesenschiffe der Hamburg-Amerika Linie, *Imperator*, *Vaterland* und *Bismarck*. Die *Kaiser Wilhelm der Große* besaß nur zwei Masten und Aufbauten, die sich mit Ausnahme des Bugs über die ganze Rumpflänge erstreckten. Sie sollte mindestens 22 Knoten schnell sein und damit das Blaue Band erobern, was sie kurze Zeit nach der ersten Überquerung auch tat.

Das Projekt barg durchaus seine Risiken, und der Norddeutsche Lloyd hatte sich vertraglich ausbedungen, das Schiff ablehnen zu können, wenn es den Beschreibungen der Vulcan-Werft nicht genügen sollte. Davon war aber am Ende keine Rede. Der große Dampfer hatte eine etwas kleinere, weniger gelungene Schwester, die *Kaiser Friedrich* der Schichau-Werft in Danzig. Der Lloyd setzte die *Kaiser Friedrich* nur kurze Zeit ein, veränderte sie dann sehr stark und gab sie schließlich an den Erbauer zurück. Das Schiff lag über zehn Jahre lang abgetakelt im Hamburger Hafen und wurde dann 1912 an die Compagnie de Navigation Sud Atlantique verkauft. Unter dem neuen Namen *Burdigala* konnte die alte *Kaiser Friedrich* nur eine einzige Reise für ihren neuen Reeder durchführen.

Mit der Kaiser Wilhelm der Große *und den drei weiteren großen Dampfern mit vier Schornsteinen, die auf sie folgten, wurde der Norddeutsche Lloyd innerhalb weniger Jahre zu einem wichtigen Konkurrenten der Cunard und der White Star Line (linke Seite). Bilder von einem Transatlantikdampfer der French Line zur Jahrhundertwende. Männer und Frauen trafen sich zu gemeinsamen Mahlzeiten. Für die restliche Zeit gab es eigene Räume für die beiden Geschlechter: Salons für die Damen, Rauchsalon für die Herren (oben).*

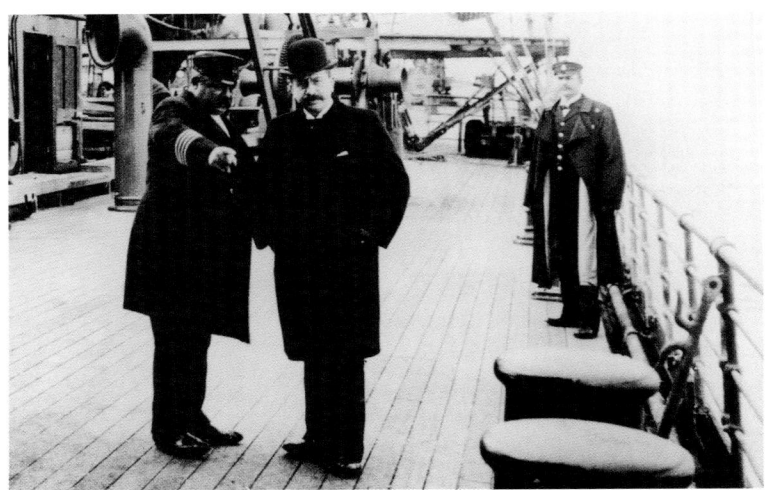 

Albert Ballin, in der Mitte des Fotos, auf einem seiner Schiffe. Er war extrem pingelig und schrieb in einem Notizbuch alles auf, was ihm verbesserungswürdig erschien (oben links).
Eine Gruppe von Passagieren an Bord der deutschen Kaiserin Auguste Viktoria, *um 1900 (oben rechts).*
Die Deutschland *in voller Fahrt. Das Schiff der Hamburg-Amerika Linie hatte durch verschiedene Zwischenfälle eine sehr wechselvolle Karriere. Als schneller Transatlantikdampfer wurde sie nur zehn Jahre lang eingesetzt (rechte Seite).*

DIE SCHNELLEN SCHIFFE, 1897–1907

Die Leistungen und der Erfolg der *Kaiser Wilhelm der Große* standen am Anfang eines erheblichen Aufschwungs der beiden großen deutschen Reedereien, des Norddeutschen Lloyds und der Hamburg-Amerika Linie. Bis zu jener Zeit hatten sie auf ihren Linien zwischen Europa und Amerika im Wesentlichen Auswanderer befördert. Von 1897 an konnten sie nun direkt mit der Cunard und der White Star Line in Konkurrenz treten – mit besseren Schiffen, die überdies in Deutschland gebaut worden waren. Trotz des Rückschlags mit der *Kaiser Friedrich* hatte die *Kaiser Wilhelm* vier weitere Nachfolger, alle von der Vulcan-Werft, die sich bis 1907 das Blaue Band streitig machten.

Die Hamburg-Amerika Linie reagierte sofort auf das neue Schiff des Norddeutschen Lloyds. Die Reederei stand unter der Leitung eines außergewöhnlichen Mannes, Albert Ballin. Er hatte mit ungeheurer Energie sein Unternehmen weiter ausgebaut und ging dabei so weit, dass der amerikanische Tycoon John Pierpont Morgan eine Zeit lang Hauptaktionär war. Dies geschah im Rahmen eines umfangreichen Versuchs, die großen Reedereien im Transatlantikgeschäft neu zu gruppieren – ähnlich wie dies Morgan auch auf anderen Gebieten gelungen war, etwa bei den Eisenbahnen und der Stahlindustrie.

Trotz des Antisemitismus eines Teils der Entourage des Kaisers stand Ballin Wilhelm II. sehr nahe, und es war unvorstellbar, dass er als Reeder bei dem sich nun anbahnenden Konkurrenzkampf außen vor bleiben sollte. Ballin arbeitete sowohl beim Kaiser wie auch bei Admiral Tirpitz darauf hin, dass das Wettrüsten auf See begrenzt blieb. Er wollte, dass die Konkurrenz zwischen den Deutschen und den Briten sich auf eine freundschaftliche Rivalität zwischen den Reedern der beiden Länder beschränkte.

Ballin überquerte einmal den Atlantik an Bord der *Kaiser Wilhelm*, aber er hätte es vorgezo-

Hamburg-Amerika Linie

Wegen Fahrgelegenheit wende man sich an die Abteilung Personenverkehr der Hamburg-Amerika Linie, Hamburg, oder an deren in- und ausländische Agenturen.

Ein kleiner Salon in der ersten Klasse an Bord der Kaiser Wilhelm der Große. *Links ahnt man die Öffnung zum großen Speisesaal hin.*

gen, wenn seine Hamburg-Amerika Linie nicht allein auf dem Gebiet der Rekordleistungen gegen den Norddeutschen Lloyd hätte antreten müssen. Er war nämlich der Ansicht, dass Raum und Komfort auf kommerziellem Gebiet sehr viel wichtigere Argumente waren als die paar Stunden, die ein Schiff von der Kategorie der *Kaiser Wilhelm der Große* auf einer Transatlantikfahrt einsparen konnte. Sein Aufsichtsrat war aber nicht derselben Meinung und stimmte dafür, dass sofort ein etwas größeres, aber sonst der *Kaiser Wilhelm der Große* sehr ähnliches Schiff auf Kiel gelegt wurde. Das war die *Deutschland*, die im Jahre 1900 den Dienst aufnahm.

Die *Deutschland* gewann schon auf ihrer Jungfernfahrt das Blaue Band und verbesserte diesen Rekord im Jahr darauf. Sie erreichte bei der Hin- wie der Rückreise Durchschnittsgeschwindigkeiten von über 23 Knoten. So entsprach sie dem Augenschein nach den Erwartungen des Reeders. Aber auf technischem Gebiet verlief ihre Karriere sehr bewegt. Der Grund lag teilweise darin, dass man dauernd das Maximum aus ihr herausholte: Sie vibrierte stark, und seit 1902 wurde sie mehrfach für mehrere Monate überholt, ohne dass man befriedigende technische Lösungen finden konnte. Im Jahre 1910 baute man den Dampfer in ein sehr schönes Kreuzfahrtschiff um: Aus der *Deutschland* wurde die *Viktoria Luise*.

Zu jener Zeit hatte Albert Ballin seinen Aufsichtsrat schon lange davon überzeugt, dass es im Interesse des Unternehmens lag, größere und noch luxuriösere, aber dafür etwas langsamere Schiffe zu bauen – 19 Knoten statt 23. So folgten auf die *Deutschland* 1903 die *Amerika*, 1905 die *Kaiserin Auguste Viktoria*. Die Räume, die für die Passagiere vorgesehen waren, erschienen besonders gepflegt. Die *Amerika* war auch das erste Schiff, das einen Aufzug, einen Wintergarten und vor allem neben dem Speisesaal der ersten Klasse auch ein Restaurant aufwies, in dem man ganz normal bezahlen musste. Ballin hatte César Ritz zu einem maritimen Abenteuer überredet, das zahlreiche Verlängerungen erfuhr, zunächst auf den Reisen der Imperator-Klasse, dann auch auf anderen Schiffen wie der *Bremen*, der *Europa*, der *Normandie* und den *Queens*. Diese erhielten sehr viel später ebenfalls exklusive Restaurants, die man meist »Grills« nannte.

Der Norddeutsche Lloyd fuhr mit der Baureihe fort, die mit *Kaiser Wilhelm der Große* begonnen hatte. Es folgte 1901 die *Kronprinz Wilhelm*, 1902 die *Kaiser Wilhelm II* und etwas später die *Kronprinzessin Cecilie*. Die beiden zuletzt genannten Schiffe hielten abwechselnd das Blaue Band. Die vier Dampfer bildeten eine einheitliche Flotte, die in den ersten Jahren des 20. Jahrhunderts dem Norddeutschen Lloyd eine ganz besondere Stellung verlieh: Die Gesellschaft konnte an beiden Endpunkten ihrer Transatlantiklinie, nämlich Bremerhaven und New York, eine wöchentliche Fahrt mit schnellen, einander sehr ähnlichen oder praktisch identischen Schiffen anbieten.

CHARLES MEWÈS UND DIE ERFINDUNG DES LUXUS AUF DEM MEER

Parallel zu den beachtlichen technischen Neuerungen auf ihren Schiffen machten sich die deutschen Reedereien auch daran, deren Ausstattung neu zu definieren. Auch auf diesem Gebiet erschien die *Kaiser Wilhelm der Große* als Vorläuferin und Prototyp.

Der größte Teil der Gemeinschaftsräume für die Passagiere der ersten Klasse war um einen zentralen Schacht herum angeordnet, der sich in der Vertikalen über vier Decks erstreckte. Er bekam das Licht von oben und lag in der Mitte des Schiffes zwischen dem zweiten und dem dritten Schornstein. Dadurch wurde es notwendig, einen größeren Abstand zwischen den beiden zentralen Schornsteinen zu setzen. Sie gliederten sich nunmehr in zwei Gruppen, eine vordere mit dem ersten und dem zweiten und eine hintere mit dem dritten und dem vierten. Das trug dazu bei, dass die Schiffe des Norddeutschen Lloyds und der Hamburg-Amerika Linie eine so besondere Silhouette besaßen.

Der Norddeutsche Lloyd beauftragte Johannes Poppe aus Bremen mit der Inneneinrichtung der *Kaiser Wilhelm der Große* und von deren Nachfolgerinnen. Er gestaltete das Schiff in einem barocken, etwas geschwollenen Stil, der zu jener Zeit in Europa gerade Mode war. Dann brach er endgültig mit der Nüchternheit, die bisher bei anderen Gesellschaften wie der Cunard Line domi-

Charles Mewès (oben). Seine lange Zusammenarbeit mit Albert Ballin trug dazu bei, neue Standards im Hinblick auf Bequemlichkeit und Luxus auf großen Transatlantikdampfern festzulegen – insbesondere natürlich bei der Hamburg-Amerika Linie.
Ein von Poppe reich dekorierter Salon an Bord der Kaiser Wilhelm der Große. *Das Dekor wurde mit größter Sorgfalt ausgeführt, doch der Raum blieb begrenzt (folgende Doppelseite).*

Die Celtic, *die erste der »Big Four«, nahm 1901 den Dienst auf und war eine Zeit lang das größte Schiff der Welt. Im Gegensatz zu den deutschen Dampfern war sie mit 16 Knoten verhältnismäßig langsam, aber dafür sparsam im Betrieb.*

niert hatte. Poppes Tätigkeit war markant, blieb aber auf die schnellen Schiffe des Norddeutschen Lloyds beschränkt und erwies sich letztlich doch von geringer Nachhaltigkeit. Keines seiner vier Schiffe befuhr nach dem Ersten Weltkrieg wieder die Meere.

Die Wahl, die Albert Ballin für die *Amerika* und die nachfolgenden Schiffe traf, hatte viel größere Auswirkungen. Abgesehen von César Ritz für die Restaurants überredete er den Franzosen Charles Mewès, der das Ritz in London entworfen hatte, für die Hamburg-Amerika Linie zu arbeiten. Damit begann eine Kooperation, die mit den Schiffen *Imperator*, *Vaterland* und *Bismarck* direkt vor Mewès' Tod 1914 ihren Höhepunkt erreichte. Seit 1900 arbeitete Mewès mit dem Engländer Arthur Davis zusammen. Beide zählten zu den bedeutendsten Architekten der Edwardianischen Zeit. Sie trugen entscheidend dazu bei, die Stile und Moden des Festlands auf die Ozeandampfer zu transportieren, bis diese als gleichberechtigt galten mit den berühmtesten Hotels.

Während Mewès weiterhin mit Albert Ballin zusammenarbeitete, wurde Davis von der Cunard Line für den Innenausbau der *Aquitania* engagiert. Sie war eine echte Rivalin für die *Imperator*

und die *Vaterland*. Davis ließ sich für die Räume der ersten Klasse von Palladio inspirieren. In den 1930er-Jahren war er für den Innenausbau der *Queen Mary* verantwortlich.

SPITHEAD 1897: DER TRIUMPH DER *TURBINIA*

Die großen englischen Reedereien Cunard und White Star Line hatten zunächst Schwierigkeiten mit ihren deutschen Konkurrentinnen.

Die White Star Line stellte im Jahre 1899 die prächtige *Oceanic* in Dienst. Sie war größer und fast so schnell wie die *Kaiser Wilhelm der Große*, und ohne Zweifel viel eleganter. Die *Oceanic* wurde vielleicht in der Absicht konzipiert, das Blaue Band zu erobern. Sie wurde als letztes großes Schiff vom Gründer der Gesellschaft, Thomas Ismay, gebaut und kündigte einen Strategiewechsel der Reederei an. Diese gab in der Folge, genau wie die Hamburg-Amerika Linie, große, aber verhältnismäßig langsame Schiffe in Auftrag. Das galt insbesondere für die »Big Four« *Celtic*, *Cedric*, *Baltic* und *Adriatic*, die kaum schneller waren als 16 Knoten.

Die *Oceanic* blieb somit bei der White Star Line innerhalb ihrer Kategorie ein Einzelstück. Nach dem Tod von Thomas Ismay gelang es John Pierpont Morgan, das Unternehmen zu kaufen. Es wurde zum Glanzstück des umfassenden transatlantischen Transportunternehmens, das er zusammenzuschweißen versuchte und das er International Mercantile Marine (IMM) nannte. Die Schiffe der White Star Line durften ihre Flagge und ihre britische Besatzung behalten. Bruce

Die Turbinia, *das Versuchsschiff von Charles Parsons, machte bei einer Schiffsparade 1897 Schlagzeilen. Keines der Schiffe der Royal Navy konnte sie einholen.*

Ismay, der Sohn von Thomas Ismay, blieb Geschäftsführer der Gesellschaft. Aber der Verkauf eines derart großen emblematischen Unternehmens an einen amerikanischen Besitzer führte in Großbritannien zu erheblicher Aufregung.

Die Cunard Line durchlief in jener Periode keine besonders gute Zeit. Nach den Zwillingsdampfern *Lucania* und *Campania*, die bei ihrer Indienststellung 1893 bzw. 1894 das Blaue Band erobert hatten, verging viel Zeit. Erst 1905 ließ die Cunard zwei neue Schiffe bauen, die *Caronia* und die *Carmania*. Sie fielen bescheidener aus als die Big Four oder die Dampfer der *Amerika*-Klasse. Ganz zu Beginn des 20. Jahrhunderts verfügte das Unternehmen nicht mehr über genügend finanzielle Ressourcen, um das verloren gegangene Terrain wieder zurückzuerobern. Die Umstände allerdings führten dazu, dass die Linie schließlich über ihre Konkurrenz triumphierte.

Im Sommer 1897, als der Bau der *Kaiser Wilhelm der Große* zu Ende ging, erregte ein merkwürdiges Ereignis die Gemüter. Es fand während der Parade der Royal Navy statt, die zu Ehren des 60. Krönungstages von Königin Victoria veranstaltet wurde. Zwischen den aufgereihten voll beflaggten Kriegsschiffen trat plötzlich ein kaum 20 m langes schlankes Schiff hervor, das tief im Wasser lag, einen summenden Ton von sich gab und schwarze Rauchwolken ausstieß. Es fuhr so schnell – ohne Zweifel fast 35 Knoten –, dass sein Bug deutlich nach oben getrieben wurde. Alle Versuche, diesem Schiff zu folgen, waren vergebens.

Später erfuhr man, dass dieses Schiff *Turbinia* hieß. Am Steuer stand ein gewisser Parsons, der schon seit mehreren Jahren an der Entwicklung neuer Schiffsantriebe arbeitete. Die Dampfmaschine war nämlich nach seiner Überzeugung am Ende ihrer Entwicklungsmöglichkeiten angelangt. Sie war zu schwer, zu umfangreich, zu wenig effizient. Sein neuer Antrieb war die Dampfturbine. Mit ihr bahnte sich eine technische Revolution an, und die Cunard Line war die Erste, die mit der *Lusitania* und der *Mauretania* vollen Gebrauch davon machte.

Im Jahre 1903 stand die Cunard Line kurz davor, ebenfalls von John Pierpont Morgan geschluckt zu werden. Der Aufsichtsrat lehnte das sehr schöne Angebot des Amerikaners ab, nachdem die britische Regierung der Linie ein Darlehen von 2,6 Millionen Pfund gewährt und eine substantielle Erhöhung der Posttransportgebühr zugesagt hatte. Mit dem Darlehen wurden sofort zwei neue wundervolle Schiffe in Auftrag gegeben, die *Lusitania* und die *Mauretania*.

LUSITANIA UND *MAURETANIA*: DIE RÜCKKEHR DER CUNARD LINE

Die schottische Werft John Brown in Clydebank baute die *Lusitania*, während die *Mauretania* in Newcastle bei Swan Hunter entstand. Die beiden Schiffe absolvierten ihren Stapellauf innerhalb weniger Monate, im Juni und im September 1906. Die *Lusitania* trat im September 1907 ihren Dienst an, die *Mauretania* Mitte November.

Beide Schiffe deklassierten in jeder Hinsicht ihre deutschen Konkurrentinnen: Sie waren

Die Lucania *und die* Campania, *die 1893 in Dienst gestellt wurden, waren die letzten Dampfer der Cunard Line, die in der Zeit vor dem deutschen Jahrzehnt, das 1897 begann, das Blaue Band innehatten.*

240 m lang, hatten einen Rauminhalt von über 30 000 BRT und besaßen vier Schrauben. Die Turbinen entwickelten fast 80 000 PS und erlaubten eine Geschwindigkeit von beinahe 27 Knoten. Mit ihrem ganz geraden Vordersteven und den hohen Schornsteinen verkörperten die neuen Cunarder vom Bug bis zum Heck ihres langen schwarzen Rumpfes Kraft, Geschwindigkeit und Leistung.

Die Einrichtung war elegant, bequem und in Teilen luxuriös. Trotzdem versuchte die Cunard Line nicht wirklich, die Standards, die ihre Konkurrentinnen in den vergangenen Jahren gesetzt hatten, neu zu definieren. Mit diesen beiden Schiffen setzte das Unternehmen weiterhin auf die Firmentradition, nach der Geschwindigkeit und vor allem Sicherheit an erster Stelle standen.

Im Jahre 1914 vervollständigte die *Aquitania* die Atlantikflotte der Cunard Line. Sie war somit die erste Reederei, die einen wöchentlichen Expressdienst zwischen Europa und Amerika anbie-

Die Werft Swan Hunter in Newcastle baute die Mauretania. *Sie verließ den Tyne am 22. Oktober 1907 und wurde der Cunard Line übergeben. Das große Gemälde von T. Henry befindet sich heute an Bord der* Queen Elizabeth 2.

Die Lusitania *mit ihrem ersten Anstrich (ganz oben).
Die vier großen Schornsteine verliehen den Schiffen ein mächtiges
und doch schlankes Aussehen
(oben).
Die* Aquitania *nahm 1914 den
Dienst auf. Sie überlebte als einziger Dampfer mit vier Schornsteinen
den Zweiten Weltkrieg und wurde
1950 schließlich zum Schrottwert
verkauft (rechte Seite).*

ten konnte, obwohl sie nur drei und nicht vier Schiffe besaß. Die *Aquitania* war etwas langsamer, aber viel größer als die *Lusitania* und die *Mauretania*. Ihr Inneres war aufwendig ausgestattet.

Die *Lusitania* eroberte auf ihrer Jungfernfahrt das Blaue Band. Doch die *Mauretania* zeigte bei der ersten Überquerung eine noch bessere Leistung, und sie übertraf ihre Bestmarke erneut 1908. Im darauffolgenden Jahr schafften beide Schiffe die Atlantiküberquerung mit einer Geschwindigkeit von nahezu 26 Knoten. Im September 1909 erwies sich die *Mauretania* mit geringem Vorsprung zwar, aber dafür von Dauer, als die schnellere.

20 Jahre lang kam kein Schiff mehr an die Leistungen der *Lusitania* und der *Mauretania* heran. Man musste auf die *Bremen* warten, die in technischer Hinsicht einer ganz neuen Generation angehörte. Sie nahm im Juli 1929 den Dienst auf und besiegte die *Mauretania*. Das alte Schiff trat daraufhin zu einem letzten Kampf an: Im August 1929 schaffte es auf einer Fahrt nach Europa eine Geschwindigkeit von mehr als 27 Knoten und war somit nur eine Spur langsamer als das neue Schiff des Norddeutschen Lloyds.

Die lange und glorreiche Karriere der *Mauretania* ging bis in die Mitte der 1930er-Jahre weiter. Das Leben der *Lusitania* endete hingegen in einer Tragödie. Im Jahre 1914 entschied die Cunard Line, weiterhin die Linie Liverpool–New York zu bedienen, um die Fahrt durch den Är-melkanal zu umgehen. Die *Lusitania* übernahm diesen Dienst und behielt ihre Bemalung als ziviles Schiff bei. Nur die Schornsteine wurden schwarz gestrichen. Am 7. Mai 1915 fuhr sie bei sehr schönem Wetter mit mäßiger Geschwindigkeit, weil die verfügbare Kohle auch wegen ihrer schlechten Qualität kein großes Tempo mehr zuließ, an der südirischen Küste entlang. Dabei wurde sie vom deutschen Unterseeboot *U-20* torpediert.

Der Torpedo traf das Schiff auf der Steuerbordseite unter dem ersten Schornstein. Auf die erste Explosion erfolgte sofort eine zweite, sehr viel heftigere. Die Gründe dafür konnte man nie genau finden. Obwohl die *Lusitania* durch Schotten unterteilt war, sank sie innerhalb von nur 20 Minuten. Sie hatte 1959 Menschen an Bord. 1195 kamen dabei ums Leben, darunter rund 120 Bürger der Vereinigten Staaten. Das Drama trug sehr viel dazu bei, dass die amerikanische Öffentlichkeit den Kriegseintritt ihres Landes 1917 akzeptierte. Zum ersten Mal war damit ein Passagierschiff ohne vorherige Warnung angegriffen und versenkt worden.

Die Olympic *in der Werft von Belfast, kurz vor dem Stapellauf (links).*
Stapellauf der Olympic *am 20. Oktober 1910 auf der Werft Harland & Wolff (ganz oben).*
Die Olympic *am Kai von Southampton im Jahre 1935, ein Vierteljahrhundert nach ihrem Stapellauf. Von dieser Stelle aus war die* Titanic *am 10. April 1912 in See gestochen (oben).*

Dienstag, 2. April 1912: Die Titanic *verlässt mithilfe von Schleppern Belfast. Angesichts der Erfahrungen, die man bereits mit der* Olympic *gemacht hatte, begrenzte man die Versuchsfahrten auf ein Minimum.*

Die drei Olympics

Im Sommer 1907, einige Wochen vor der Indienststellung der *Lusitania* und der *Mauretania*, traf sich Bruce Ismay von der White Star Line mit Lord Pirrie, dem Geschäftsführer der Werft Harland & Wolff in dessen prächtigem Wohnsitz Downshire House am Belgrave Square in London. Die beiden neuen Schiffe der Cunard Line würden bald ihren Dienst aufnehmen, und so wurde es langsam Zeit für die White Star Line, darauf zu reagieren. Im Laufe dieses Abendessens wurden die *Olympic* und die *Titanic* konzipiert. Fast unmittelbar danach folgte der Plan für ein drittes Schiff, das die White Star Line eigentlich *Gigantic* taufen wollte. Es ging der Reederei darum, mit drei Schiffen desselben Typs einen wöchentlichen Transatlantikdienst anzubieten, und Ismay träumte davon, dass seine Schiffe für lange Zeit die größten der Welt bleiben sollten.

Die Beziehungen zwischen der Reederei und der Werft waren so eng, dass die White Star Line keinerlei Spezifikationen festlegte. Das Team, das die drei Schiffe konstruierte, bestand aus Lord Pirrie selbst, aus Alexander Carlisle und dem jungen Thomas Andrews und besaß große Freiheiten. Es legte eine Länge von 269 m und einen Rauminhalt von 45 000 BRT fest, was im Vergleich mit der *Lusitania* und der *Mauretania* einer Zunahme um 50 Prozent entsprach. Die *Olympic* und die *Titanic* blieben aber herkömmlich konzipierte Schiffe. Ihre prächtigen, vollkommen ausgeglichenen Linien erinnerten an die der *Oceanic* – schließlich gingen alle drei auf den

Gestalter Carlisle zurück. Die White Star Line, die an erster Stelle auf Luxus, Geräumigkeit und Komfort für die Passagiere setzte, dachte keinen Augenblick daran, der Cunard Line das Blaue Band streitig machen zu können.

Die *Olympic* und die *Titanic* erhielten somit einen sehr spezifischen, sparsamen Antrieb von begrenzter Leistung: Die zentrale Schraube wurde von einer Niederdruckturbine angetrieben, während die beiden seitlichen Schrauben ihre Kraft von Dampfmaschinen bezogen. Nur sie konnten ihre Drehrichtung ändern, was nicht ohne Folgen blieb, als die *Titanic* auf den Eisberg zufuhr, der ihren Untergang bedeuten sollte. Die beiden Riesenschiffe erreichten immerhin eine Dienstgeschwindigkeit von 21 Knoten, was eine Atlantiküberquerung in sechs Tagen ermöglichte.

Man glaubte, das Hauptgewicht auf die Sicherheit zu legen, indem man den Rumpf durch Querschotten in 16 wasserdichte Abteilungen unterteilte. Die Schiffe sollten noch schwimmen, wenn zwei dieser Räume voll Wasser liefen. Man konnte sich damals nicht vorstellen, welche Art von Havarie mehr als zwei Schotten beschädigen sollte. Auf Längsschotten wie bei der *Lusitania* und der *Mauretania* verzichtete man. Sie hatten nämlich den Nachteil, dass sie das Bunkern von Kohle nach jeder Überfahrt erschwerten. Thomas Andrews schlug vor, dass alle Passagiere und Besatzungsmitglieder einen Platz in den Rettungsbooten finden sollten. Aber man blieb am Ende bei den damals gültigen gesetzlichen Vorschriften. Andrews war dann einer derjenigen, die mit der *Titanic* untergingen.

Trotz des Geldes von Morgan musste die White Star Line eine Kapitalerhöhung vornehmen, um ihre Pläne zu finanzieren. Harland & Wolff stand vor einer noch nie dagewesenen Herausforderung, denn die Werft musste die beiden größten Schiffe der Welt gleichzeitig oder fast gleichzeitig produzieren. Die *Titanic* sollte auf die *Olympic* mit einem Abstand von nur sechs Monaten folgen, und der Bau des dritten Liners sollte unmittelbar nach dem Stapellauf des ersten beginnen. Man musste den größten Teil des Jahres 1908 für den Bau der riesigen Hellinge verwenden; sie waren ganz von Baugerüsten umgeben. Dann sah man plötzlich inmitten dieses gigantischen Ensembles die beiden Rümpfe: den der *Olympic* in Weiß und den der *Titanic* in Schwarz.

Die *Olympic* wurde der Tradition der White Star Line entsprechend am 20. Oktober ohne weitere Feierlichkeit vom Stapel gelassen. Die *Titanic* folgte am 31. Mai 1911, und am selben Tag verließ die gerade fertig ausgestattete *Olympic* Belfast, um nach kurzen Versuchsfahrten dem Reeder übergeben zu werden.

Die White Star Line verlegte die Kopfstation ihrer Linie von Liverpool nach Southampton, damit die Passagiere möglichst nahe an London aus- und zusteigen konnten. Es ging bei dieser Entscheidung auch um den direkten Wettbewerb mit anderen, vor allem deutschen Reedereien,

Die Olympic *und die* Titanic *waren luxuriös eingerichtet. Oben ein Ausschnitt aus dem türkischen Bad, ohne Zweifel an Bord der* Olympic. *Im Bild ganz oben probiert eine Passagierin ein Fahrrad im Sportsaal aus.*

*Edward J. Smith, Kapitän der
Titanic. Er wollte nach der Jungfernfahrt, die seine lange Karriere
bei der White Star Line krönen
sollte, in Pension gehen (ganz
oben).
Die Untersuchungskommission
verhört Bruce Ismay (sitzend,
Zweiter von links), der den Untergang der Titanic überlebte (oben).
Vor der Tragödie in der Nacht vom
14. auf den 15. April war die White
Star Line einige Tage lang Besitze-
rin der beiden größten Schiffe der
Welt. Die Reederei präsentierte in
der Werbung die beiden Schiffe
Olympic und Titanic meist zusammen (rechte Seite).*

deren Schiffe in den Häfen am Ärmelkanal Zwischenstation machten. Die *Olympic* verließ am 14. Juni den Hafen von Southampton zu ihrer Jungfernfahrt. Das Riesenschiff war eine Sensation, und die White Star Line schien bei ihrem ehrgeizigen Projekt auf einer Erfolgswelle zu schwimmen. Aber am Ende des Abenteuers wartete die Tragödie: Von den drei Riesenschiffen sollte nur die *Olympic* New York erreichen.

NORDATLANTIK, 14. UND 15. APRIL 1912

Am 20. September 1911 stieß der kleine Kreuzer *Hawke* der Royal Navy im Solent mit der *Olympic* zusammen. Der Kommandant hatte das Risiko, das er einging, als er sich dem Riesenschiff zu sehr näherte, nicht richtig eingeschätzt. Die *Hawke* wurde vom ungeheuren Rumpf buchstäblich angesaugt und prallte an der Steuerbordseite achtern auf die *Olympic*. Dabei richtete sie so große Schäden an, dass die *Olympic* zur Reparatur nach Belfast musste. Die Wiederaufnahme des Dienstes hatte Vorrang. Deswegen verschob man die Jungfernfahrt der *Titanic* von März auf April 1912. Das war das erste in einer Reihe von Ereignissen, die in der Nacht vom 14. auf den 15. April innerhalb weniger Stunden zum Verlust der *Titanic* führten.

Die *Titanic* war ursprünglich als exaktes Zwillingsschiff der *Olympic* geplant. Doch Bruce Ismay bestand auf einer Reihe von Veränderungen bei der Inneneinrichtung, um aus der bisher gewonnenen Erfahrung Nutzen zu ziehen. So konnte man am Ende die beiden Schiffe leicht auseinanderhalten: Bei der *Titanic* wurde das Promenadendeck kurze Zeit nach dem Verlassen der Werft teilweise verglast. Eine leichte Erhöhung des Rauminhalts führte dazu, dass die *Titanic* während ihrer kurzen Karriere das größte Schiff der Welt war.

Trotz eines Streiks, der die Kohlelieferanten betraf, verließ die *Titanic* Southampton am Mittwoch, den 10. April 1912. Um ein Haar hätte sich der Unfall mit der *Hawke* wiederholt. Als die *Titanic* ihren Anlegeplatz verließ, machte auch ein weiterer Dampfer die Leinen los und kam ihr gefährlich nahe. Eine Kollision, die die *Titanic* leicht am weiteren Auslaufen hätte hindern können, wurde nur mit knapper Not vermieden.

Am Sonntag, dem 14. April 1912, kurz vor Mitternacht, bei dunklem Himmel und ganz ruhiger See, kollidierte die *Titanic* mit einem Eisberg, den der Ausguck zu spät entdeckt hatte. Trotz eines verzweifelten Ausweichmanövers wurde ihr Rumpf auf der Steuerbordseite an mehreren Stellen aufgerissen. Das Schiff sank am Montag, den 15. April, um 2.20 Uhr und riss 1517 der 2228 an Bord befindlichen Menschen mit in den Tod. Das Drama wühlte die ganze Welt auf.

Abgesehen vom Symbolgehalt des Unglücks – das größte Schiff der Welt geht auf seiner Jungfernfahrt unter – hatte der Untergang der *Titanic* zahlreiche Konsequenzen: Die Handelsmarine, die noch nach Regeln des vergangenen Jahrhunderts vorging, wechselte ganz wörtlich genommen das Jahrhundert. Aber nicht nur die Schifffahrt, die ganze Welt begann sich

LONGUEUR TOTALE | 190ᵐ 40
LARGEUR AU FORT | 19ᵐ 78
DÉPLACEMENT CORRESPONDANT | 19.160 TONNEAUX
TONNAGE BRUT TOTAL | 14.500 TONNEAUX
PUISSANCE DES MACHINES | 30.000 CHEVAUX
VITESSE | 23 NŒUDS

Schnitt durch die La Provence *der CGT aus dem Jahre 1906. Man beachte zwischen dem zweiten Schornstein und dem großen Mast den riesigen Maschinenraum mit den beidseitig beaufschlagten Dampfmaschinen (ganz oben). Die Brücke der* La Provence *war wie damals üblich offen. Das Steuer befand sich in einem geschlossenen Raum hinter der Brücke (oben). Vorderer Teil des Promenadendecks der* La Provence *bei gutem Wetter – was auf dem Nordatlantik allerdings nur selten der Fall war … (rechte Seite unten).*

zu verändern. Die erste große technische Katastrophe drang unmittelbar in das Bewusstsein der Menschen ein. Sie zeigte auf tragische Weise, dass Fortschritt nicht automatisch mit Unfehlbarkeit verknüpft war und dass das moderne Leben seine eigenen Gefahren hatte. Der Untergang der *Titanic* war eines der großen historischen Schlüsselereignisse, das – fast ebenso bedeutend wie der Erste Weltkrieg – die Welt ins 20. Jahrhundert katapultierte.

Als die Katastrophe hereinbrach, hatte man mit dem Bau des dritten Riesenschiffs kaum begonnen. Obwohl es in der Silhouette und in den Ausmaßen der *Olympic* und der *Titanic* sehr ähnlich sah, wurden die Pläne für das Innere grundlegend verändert, um eine ganze Reihe von Sicherheitsvorkehrungen einzubauen. Man verzichtete auf den vorgesehenen Namen *Gigantic* und wählte stattdessen *Britannic*. Diesen Namen hatte früher schon ein Schiff der White Star Line mit Erfolg getragen. Der Stapellauf erfolgte Ende Februar 1914, und im Frühjahr 1915 sollte das Schiff seinen Dienst aufnehmen. Der Krieg verhinderte das. Die *Britannic* wurde zum Spitalschiff umgebaut und in den letzten Tagen des Jahres 1915 ausgeliefert.

Am 21. November 1916 lief die *Britannic* im Ägäischen Meer auf eine Mine auf. Der verwundete Riese sank innerhalb einer guten Stunde. Er hatte 1135 Menschen an Bord, aber es kamen bei der Katastrophe nur 20 Personen ums Leben. Unter den Passagieren der *Britannic* befand sich auch die junge Krankenschwester Violet Jessop. Sie überlebte diese Havarie ebenso, wie sie den Untergang der *Titanic* viereinhalb Jahre zuvor und die Kollision zwischen der *Olympic* und der *Hawke* überlebt hatte!

Das dritte und ohne Zweifel beste Schiff der Olympic-Klasse ging somit nach weniger als einem Jahr verloren. Eine Transatlantikreise hatte es nie unternommen.

A. DUBRAY

VON LE HAVRE NACH NEW YORK – ÜBER VERSAILLES

In den Jahren direkt vor dem Ersten Weltkrieg begannen Frankreich und die Compagnie Générale Transatlantique (CGT) im Nordatlantikgeschäft die erste Geige zu spielen. Es herrschte eine direkte Konkurrenz mit den Briten und den Deutschen. Die CGT war von den Brüdern Péreire gegründet worden und eröffnete 1864, ein Vierteljahrhundert nach der Gründung der Cunard Line, die Linie Le Havre–New York. Trotz vieler Schwierigkeiten – etwa des engen Marktes für französische Auswanderer – gelang es der Gesellschaft, die sich auch Transat oder French Line nannte, schließlich eine beachtliche Rolle auf dem Transatlantikmarkt zu übernehmen. Besonders Passagiere der ersten Klasse, mit denen am meisten verdient wurde, schätzten die Schiffe und den Service dieser Reederei.

Zur Jahrhundertwende hatte die Transat zwei schöne Schiffe in Dienst gestellt, *La Lorraine* und *La Savoie* genannt. Auf diese folgte 1905 *La Provence*. Bei einer der ersten Atlantiküberquerungen hatte sie die *Deutschland* angegriffen, die einst im Besitz des Blauen Bandes gewesen war, und sie um mehrere Stunden geschlagen. Während die britische und die deutsche Konkurrenz möglichst schnell je drei Riesenschiffe bauen wollte, legte die French Line ein längerfristiges Programm vor. Es begann mit einem einzigen Schiff, der *France*. Ihre Jungfernreise von Le Havre aus fand nur wenige Tage nach dem Untergang der *Titanic* statt. Mit ihren 23 000 BRT und ihrer Länge von 217 m war die *France* viel kleiner als die Riesen der *Olympic*-Klasse sowie die *Lusitania* und die *Mauretania*. Trotzdem handelte es sich um ein modernes schnelles Schiff mit Turbinenantrieb, vier Schiffsschrauben und einer Reisegeschwindigkeit von 23 Knoten.

Ohne Mühe eroberte sich die *France* ihren Platz unter den prestigeträchtigen Transatlantik-

Madame de la Gletais "Villa Louisa"

La "Provence" _ (Pont Promenade)

Vor der Indienststellung der France *1912 waren die* La Lorraine *(hier im Trockendock von Le Havre), die* La Savoie *und die* La Provence *die drei besten Schiffe der French Line. Zusammen mit einem vierten, älteren Dampfer, der* La Touraine, *sorgten sie für wöchentliche Fahrten von Le Havre nach New York.*

linern. Abgesehen vom exzellenten Service und der hoch geschätzten Küche bot sie ihren Kunden etwas, das kein anderer Dampfer vorweisen konnte: üppige Repliken der großen französischen Inneneinrichtung des 17. Jahrhundert. Was die Übertragung großer historischer Stile auf große Schiffe anbelangte, stand die French Line mit ihrer *France* unangefochten an erster Stelle. Als Einzige wagte sie es, den Stil Louis XIV. zu adaptieren, und das Luxusschiff verdiente voll seine Bezeichnung »schwimmendes Versailles«.

Trotz des außergewöhnlichen Erfolgs der *France*, der bis in die 1920er-Jahre hinein anhielt, war es gerade die Transat, die sich etwas später davon abwandte und ihre Schiffe einer gewissen Modernität zu öffnen versuchte.

MEIN FELD IST DIE WELT

Am 23. Mai 1912 nahm Kaiser Wilhelm II. in der Vulcan-Werft in Hamburg am Stapellauf eines Riesenschiffes teil, das er *Imperator* taufte. Der Dampfer besaß außergewöhnliche Ausmaße: fast 280 m lang und 52 000 BRT. Am 3. April 1913 war in der Werft Blohm & Voss ebenfalls in Hamburg die *Vaterland*, am 20. Juni 1914 die *Bismarck* an der Reihe. Diese drei Schiffe waren hintereinander die jeweils größten der Welt.

Die *Bismarck* mit ihren 291 m Länge und 56 000 BRT behielt diesen Titel bis ins Jahr 1935. Albert Ballin hatte damit den dringenden Wünschen des Kaisers nachgegeben und seine Hamburg-Amerika Linie mit einem Trio riesiger Dampfer ausgestattet. Er hatte damit ein Instrument in der Hand, um die Cunard Line und die durch den Verlust der *Titanic* zeitweilig

Stapellauf der France *in Saint-Nazaire am 20. September 1910 (ganz oben).*
Die France *war der einzige französische Dampfer mit vier Schornsteinen. Sie nahm 1912 ihren Dienst auf, einige Tage nach dem Untergang der* Titanic *(oben).*

Der große Salon der France. Sie war so üppig ausgestattet, dass man sie auch als »schwimmendes Versailles« bezeichnete. Im Hintergrund erkennt man die Kopie eines Gemäldes von Hyacinthe Rigaud mit dem stehenden König Louis XIV. Werbung für die France in New York, ohne Zweifel zu Beginn ihrer Karriere. Sie war kleiner als die Lusitania und die Mauretania, erreichte für die French Line aber dasselbe Prestige (vorhergehende Doppelseite).

Eine Soirée im großen Salon, einem Werk von Charles Mewès, an Bord der Imperator *kurz vor dem Ausbruch des Ersten Weltkriegs (oben). Die* Imperator *war der erste Koloss der Hamburg-Amerika Linie. Auf dieser künstlerischen Darstellung zeigt das Schiff zwar seine Galionsfigur, nicht aber die definitive Bemalung. Das Schwarz des Rumpfes reichte ein Deck höher (rechte Seite).*

geschwächte White Star Line anzugreifen. Er konnte mit diesen Schiffen auch den mittlerweile stark gestiegenen Transatlantikverkehr besser bewältigen.

Die *Lusitania* und die *Mauretania* setzten auf Leistung und Schnelligkeit. *Olympic*, *France* und *Aquitania* waren elegante Schiffe. Die *Imperator* und ihre Zwillingsschwestern waren Kolosse mit imposanter Silhouette. Drei hohe Schornsteine dominierten über die massiven Aufbauten. In den auf diese Weise entstandenen großen Volumina hatte sich Mewès selbst übertroffen. Zwischen dem ersten und dem zweiten Schornstein schuf er einen großen mit Holztäfelung ausgestatteten Salon, ein wahres Prunkstück. Weiter achtern, zwischen dem zweiten und dem dritten Schornstein, befand sich der etwas weniger formelle Wintergarten. Von hier aus gelangte man mit ein paar Schritten fast übergangslos zum Restaurant von Ritz.

Das eigentliche Schmuckstück des Schiffes war aber die Schwimmhalle, die etwas oberhalb der Wasserlinie lag. Sie war römisch bzw. pompejanisch geprägt und entsprach im Wesentlichen dem Schwimmbad, das Mewès einige Jahre zuvor für den Royal Automobile Club in London entworfen hatte.

Seit dem Bau der *Amerika* fast zehn Jahre zuvor hatte Mewès Ballin immer wieder dazu gedrängt, die Abzüge der Schornsteine so zu teilen, dass in der Mitte des Schiffes eine lange Flucht mit Perspektive frei wurde. Die *Imperator* behielt den klassischen Bauplan noch bei. Albert Ballin gab aber dann doch nach, als der Bau der *Vaterland* gerade begann. Das Innere des Schiffes wurde vollständig umgestaltet. Die *Bismarck* profitierte von derselben Innovation. Aber insgesamt führte man keine weiteren bedeutsamen strukturellen Anpassungen ein. So erwiesen sich die *Vaterland* und die *Bismarck* als fragiler als die *Imperator* und wurden aufgrund ihres besonderen Baus im Laufe ihrer Karriere wiederholt stark beschädigt.

Die *Imperator* nahm im Juni 1913 ihren Dienst auf. Als Galionsfigur hatte man einen vergoldeten Adler angebracht, der die Erdkugel in seinen Fängen hielt. Auf dem Globus konnte man lesen: »Mein Feld ist die Welt« – Ballins ureigenstes Motto. Trotz dieser mutigen Proklamation – der Adler ging übrigens bald bei einem Sturm verloren – gab es ein Problem nach dem anderen: Die extremen Dimensionen machten Schwierigkeiten bei der Steuerung. Die Anforderungen an die Stabilität wurden nicht erfüllt, sodass man wiederholt Veränderungen vornehmen musste, die erste schon im November 1913. Bei einem Aufenthalt in New York brach Feuer an Bord aus, und das Schiff entkam nur mit Mühe der vollständigen Zerstörung. Die *Imperator* war aber wie später die *Vaterland* während ihrer kurzen Karriere als deutsches Schiff ein kommerzieller Erfolg.

DIE ATLANTIKDAMPFER IM KRIEG

Die *Vaterland* nahm im Mai 1914 den Dienst auf. Bei der Kriegserklärung – und das war ein Riesenfehler des Generalstabs – befanden sich mehrere Dampfer des Norddeutschen Lloyds und der Hamburg-Amerika Linie in den USA und wurden unverzüglich stillgelegt. Das betraf zum Beispiel die *Vaterland*, die *Kaiser Wilhelm II*, die *George Washington* und die *Amerika*.

Die *Kronprinzessin Cecilie* war mit mehreren Dutzend Millionen Goldmark auf dem Weg nach Europa. Um eine Durchsuchung zu verhindern, entschied sich der Kommandant zur Umkehr. Der Dampfer fand in Bar Harbor in Maine (USA) Zuflucht, wurde dort aber festgesetzt wie die anderen deutschen Schiffe in New York und Boston. Die *Kronprinz Wilhelm* wurde wie ein Kaperschiff bewaffnet und blieb von August 1914 bis April 1915 dauernd auf See. Weil ihre Ressourcen aber zur Neige gingen und das Schiff auch Unterhaltsarbeiten benötigte, ergab sich die Mannschaft der Regierung der Vereinigten Staaten. Alle diese Dampfer, die den Kern der großen deutschen Transatlantikflotte bildeten, fuhren nach 1917 unter amerikanischer Flagge.

Die Aquitania *als Spitalschiff bei Mudros während des Dardanellenfeldzugs (oben).
Stapellauf der* Vaterland *im April 1913. Die leitenden Mitarbeiter von Blohm & Voss zeigen dem Kronprinzen Rupprecht von Bayern den zweiten Riesen der Hamburg-Amerika Linie (linke Seite).*

Die USA beschlagnahmten 1917 die Vaterland *und tauften sie in* Leviathan *um. Sie spielte dann als Truppentransporter eine große Rolle und brachte bei jeder Fahrt Tausende amerikanischer Soldaten nach Europa.*
Rückkehr nach Hause der Empress of Asia *der Canadian Pacific, hier im Panamakanal. Sie wurde 1918 und 1919 für kurze Zeit eingesetzt, um Truppen in die Heimat zurückzutransportieren (rechte Seite).*

In Frankreich und in Großbritannien merkte man schnell, dass die großen Dampfer nicht von Nutzen sein konnten, wenn man sie als Hilfskreuzer bewaffnete. Sie brauchten einfach zu viel Kohle und waren leicht verwundbar. Auch die *Mauretania*, die eigentlich als Hilfskreuzer konzipiert war, blieb vorerst unbewaffnet, während die *Lusitania* weiterhin den Atlantik überquerte. Die *Britannic*, die *Aquitania* und die *France* wurden besonders beim Dardanellen-Feldzug als Spitalschiffe eingesetzt.

Als Truppentransporter der Entente fanden die großen Dampfer allerdings die ihnen gemäße Rolle, besonders nach dem Kriegseintritt der Vereinigten Staaten. Innerhalb weniger Monate stieg die Zahl der amerikanischen Soldaten, die in Brest gelandet waren, auf den Schlachtfeldern Ostfrankreichs stark an. Diese einst für Friedenszeiten konzipierten Schiffe spielten eine große Rolle bei der Globalisierung des Konflikts.

Die meisten Dampfer allerdings wurden vom Krieg verschont und nahmen später den Transatlantikdienst wieder auf, allerdings nun unter ganz anderen Bedingungen als in der Zeit vor 1914.

Die Goldenen Jahre

1919–1939

DIE GOLDENEN JAHRE
1919–1939

Nach Kriegsende und mit der Rückkehr des Friedens in Europa waren plötzlich grundlegend andere Bedingungen für die großen Reedereien gegeben als in der Zeit vor 1914. Mit Ausnahme der *Lusitania* und der *Britannic*, der *La Provence* der Compagnie Générale Transatlantique und der von Harland & Wolff für die Holland-America Line gebauten, 1917 aber an die White Star Line ausgelieferten *Justicia* hatten die meisten großen Dampfer den Krieg überlebt. In den ersten Monaten des Jahres 1919 fuhren sie auf dem Nordatlantik, um die amerikanischen Truppen, die in Europa gekämpft hatten, nach Hause zurückzubringen.

Die französischen und britische Reedereien bekamen anschließend ihre Schiffe zurück und restaurierten die Inneneinrichtung, bevor sie sie wieder in Dienst stellten. In den meisten Fällen stellte man bei der Dampferzeugung von Kohle auf Erdöl um. Die *Olympic* beispielsweise lag längere Zeit im Dock und kehrte erst 1920 auf die Strecke Southampton–New York zurück. Zusammen mit der Kohle als Brennstoff verschwanden auch die »Black Gangs«. Sie bestanden auf den größten Dampfern aus über 200 Heizern, die unter oft unmenschlichen Bedingungen permanent Kohle in die Öfen schaufelten.

Einige Schiffe wie die schnellen Dampfer des Norddeutschen Lloyds mit vier Schornsteinen, die die Amerikaner in *Von Steuben*, *Agamemnon* oder *Mount Vernon* umgetauft hatten, wurden abgewrackt und fuhren nie wieder zur See. Zwei unter ihnen, die alte *Kaiser Wilhelm II* und die *Kronprinzessin Cecilie*, blieben bis 1940 in der Chesapeake Bay liegen. Die Zukunft der Flotten

Schwimmbad und Rauchsalon der ersten Klasse an Bord der Bremen. Gegen Ende der 1920er- und zu Beginn der 1930er-Jahre fand eine Revolution bei der Konzeption und Gestaltung der großen Dampfer statt (oben). Nach dem Ende des Ersten Weltkriegs wurden alle großen deutschen Schiffe Reedereien der Siegermächte zugesprochen. Die Berengaria, einst Imperator, fuhr bis 1938 erfolgreich unter der Flagge der Cunard Line (linke Seite).

Arbeiten an der Majestic, *der früheren* Bismarck. *Die Arbeiter streichen die Schornsteine in den Farben der White Star Line.*

der Hamburg-Amerika Linie und des Norddeutschen Lloyds, die anfangs unter der Verwaltung der Entente standen, spielte bei den Friedensverhandlungen, die zum Versailler Vertrag führten, eine große Rolle.

DER KAMPF UM DAS ERBE

Die Verbündeten der Entente, allen voran die Briten, wollten unter keinen Umständen akzeptieren, dass große deutsche Reedereien wieder ihre frühere Stellung vor dem Krieg einnehmen sollten. Albert Ballin begriff, dass die Niederlage Deutschlands die Zerstörung seines Lebenswerks bedeutete. Er starb einige Tage vor dem Waffenstillstand im November 1918. Und auch der größte Traum des Kaisers während des Krieges würde nicht in Erfüllung gehen: Es sah sich als Sieger auf einer Weltreise mit der *Bismarck*.

Die *Vaterland* fuhr seit 1917 unter dem neuen Namen *Leviathan* unter amerikanischer Flagge. Im April 1919 verlangten die Verbündeten, dass ihnen die *Imperator* übergeben würde. Sie lag seit 1914 unbeweglich und weitgehend vernachlässigt im Hafen von Hamburg fest. Die *Imperator* und die *Leviathan* waren zu jener Zeit immer noch die beiden größten Schiffe der Welt. Nur die *Bismarck*, die noch unvollendet in Deutschland lag, hätte ihnen diesen Titel streitig machen können. Ein weiterer großer Dampfer befand sich seit 1914, zu 80 Prozent fertiggestellt, in der Schichau-Werft von Danzig. Es handelte sich um die *Columbus*, die ursprünglich für den Norddeutschen Lloyd bestimmt war.

Frankreich erhielt keinen bedeutenden Dampfer, teils weil es andere Kriegsziele verfolgte, teils weil es keinen der *Lusitania* oder *Britannic* vergleichbaren Verlust erlitten hatte. Die Compagnie Générale Transatlantique bekam insgesamt sechs ehemals deutsche Schiffe. Das größte darunter war die 160 m lange *Blücher*, die die Werft Blohm & Voss vor fast 20 Jahren gebaut hatte. In diesem Zusammenhang muss auch gesagt werden, dass der Hafen von Le Havre ohne größere Bauarbeiten Riesen wie die *Imperator*, die *Leviathan* oder die *Bismarck* gar nicht hätte aufnehmen können.

Die *Imperator* und die *Bismarck* gingen somit an Großbritannien. Von 1920 an fuhr die *Imperator* zusammen mit der *Mauretania* und der *Aquitania* für die Cunard Line. Im Februar 1921 konnten Cunard und die White Star Line zusammen die *Bismarck* und die *Imperator* erwerben. Letztere wurde in *Berengaria* umgetauft: Sie wurde damit zum ersten Dampfer der Cunard Line, der den Namen der Gemahlin von Richard Löwenherz trug.

Den Bau der *Bismarck* nahm man wieder auf, doch ein Brand im Herbst 1920 verzögerte ihn noch weiter. Das Schiff wurde schließlich im April 1922 seinem neuen Reeder ausgeliefert. Es beeindruckte ebenso so wie die beiden anderen Riesenschiffe, die die Hamburg-Amerika Linie vor 1914 hatte bauen lassen, und bekam den neuen Namen *Majestic*. Die *Berengaria* und die

Majestic zählten während der 1920er-Jahre zu den berühmtesten Passagierschiffen auf dem Nordatlantik.

Einige Wochen vor der Auslieferung der *Majestic* hatte die White Star Line ein weiteres neues Schiff in Dienst gestellt, die *Homeric*, die alte *Columbus*, die ebenfalls an Großbritannien gegangen war. Sie war kleiner und langsamer als die *Majestic* und nahm in einem gewissen Sinn den Platz ein, der seit 1912 durch den Untergang der *Titanic* unbesetzt geblieben war. Die White Star Line konnte somit, wie Cunard, den früheren Transatlantikservice mit drei Schiffen wieder aufnehmen, selbst wenn die 236 m lange *Homeric* mit ihrer Dienstgeschwindigkeit von 19 Knoten gewiss nicht derselben Kategorie angehörte wie die *Olympic* und die *Majestic*.

Die Homeric *im Trockendock. Durch den tiefen Wasserstand sind die Schiffsschrauben zu sehen. Man verschraubte sie damals an der Antriebswelle. Doch diese Technik wurde kurz danach aufgegeben.*

Die Leviathan, *die frühere*
Vaterland, *an der Anlegestelle in*
New York, ohne Zweifel bei ihrer
Jungfernreise unter amerikani-
scher Flagge, im Jahre 1923.

LEVIATHAN – ODER DIE PASSION DES WILLIAM FRANCIS GIBBS

Die Zukunft der *Leviathan* war eine Zeit lang unsicher. Im Jahre 1919 entwaffnete man in Hoboken das Riesenschiff am Ende seiner militärischen Karriere. Ein junger Schiffbauingenieur, William Francis Gibbs, schlug den amerikanischen Behörden einen erneuten Umbau vor. Der 33-jährige Gibbs war Jurist, hatte sich dann aber dem Schiffbau zugewandt. Kurz vor dem Krieg hatte er für John Pierpont Morgan und die IMM an der Planung eines 300 m langen Passagierschiffes zu arbeiten begonnen. Er musste mehrere Jahrzehnte warten, bis dieser Traum in Erfüllung ging.

Auf der *Leviathan* gab es viel zu tun. Ihre gesamte Inneneinrichtung war 1917 entfernt und ihr Mobiliar zerstreut worden, ohne dass sich jemand um eine spätere Wiederverwendung Gedanken gemacht hätte. Gibbs besaß keine Pläne des Schiffes, und Blohm & Voss wollte sie nur gegen eine Million Dollar herausrücken. Gibbs stellte zahlreiche Techniker ein, die das Schiff in situ vermessen und auf dieser Grundlage neue Pläne zeichnen sollten. Dann verfassten sie über 1000 Seiten von Spezifikationen, die beim Umbau als Leitschnur dienen sollten.

Im April 1922 verließ die Leviathan endgültig Hoboken und fuhr zur Werft in Newport News in Virginia. Dort fand der Umbau – oder besser: die Rettung – dieses Giganten statt. Die ehemalige *Vaterland* wurde modernisiert und verstärkt. Man rüstete sie auf Öl um und restaurierte die Inneneinrichtung. Gibbs gelang es sogar, den Rauminhalt zu erhöhen, damit sie der *Majestic* den Titel des größten Schiffes der Welt streitig machen konnte. Der Umbau der *Leviathan*, den einzig und allein Gibbs vorantrieb, war ein technischer Erfolg, der allerdings teuer erkauft wurde: Er verschlang 10 Millionen Dollar, mehr als der Bau der *Vaterland* einige Jahre zuvor gekostet hatte.

Im Jahre 1920 wie schon 1914 fuhren auf dem Nordatlantik keine Schiffe mit amerikanischer Flagge, obwohl die IMM mehrere ursprünglich europäische Reedereien umfasste. Morgan interessierte sich für die *Leviathan* und wollte sie eigentlich übernehmen. Dabei stieß er jedoch auf einen gewissen Widerstand, unter anderem von William Randolph Hearst. Die IMM verzichtete und musste unter der direkten Verantwortung von Gibbs die Gründung einer neuen Transatlantikreederei ins Auge fassen. Sie bekam den Namen United States Lines und verlieh der *Leviathan* ihre Farben Blau, Weiß und Rot an den Schornsteinen. Zu Beginn war der Riesendampfer das einzige Schiff dieser neuen amerikanischen Reederei.

Die *Leviathan* verließ am 4. Juli 1923 New York für ihre zweite Jungfernreise. Im Gegensatz zu ihren Schwestern *Berengaria* und *Majestic* war ihre Karriere chaotisch. Sie litt unter einer chronischen Benachteiligung, die nichts mit dem Schiff, sondern mit allgemeinen Umständen zu tun hatten. Das begann mit der Prohibition, die aus der *Leviathan* ein »trockenes Schiff« machte, während es an Bord der europäischen Rivalinnen an Alkohol niemals mangelte.

Im Jahre 1929 gelang es der amerikanischen Regierung, die US Lines an Paul Wadsworth Chapman, einen Geschäftsmann aus Chicago, zu verkaufen. Dann ging sie in die Hände der IMM über. Die *Leviathan* gehörte zu den Dampfern, die von der Wirtschaftskrise im Gefolge des Börsencrash vom Oktober 1929 am meisten betroffen waren. 1934 unternahm sie nur fünf Atlantiküberquerungen und wurde dann definitiv außer Dienst gestellt.

Die Leviathan *am Ende einer wechselhaften Karriere, nämlich bei ihrer Ankunft im schottischen Rosyth 1938, wo sie verschrottet wurde (oben links).*
Die Majestic, *die der* Leviathan *sehr ähnlich sah, war so lange das größte Schiff der Nachkriegszeit, bis die* Normandie *in Dienst trat (oben rechts).*

Ein Bild aus der Zeit der Prohibition: Die Mannschaft des Dampfers Paris *gießt bei der Ankunft in New York die letzten Alkoholbestände ins Meer (oben). Stapellauf der* Georgic, *des letzten für die White Star Line gebauten Dampfers, im November 1931 in Belfast. Sie wurde im Zweiten Weltkrieg schwer beschädigt und danach nicht mehr vollständig wiederhergestellt (rechte Seite).*

Im Januar 1938, nach mehr als drei Jahren Untätigkeit, überquerte die *Leviathan* ein letztes Mal den Atlantik, um im schottischen Rosyth verschrottet zu werden. Ihre Karriere als amerikanischer Transatlantikdampfer hatte nur ein Jahrzehnt gedauert.

1921: TOURIST THIRD CABIN – KURS AUF EUROPA

Trotz der immensen Kriegsschäden, der Toten, Verletzten und Verstümmelten, denen man damals überall begegnen konnte, und trotz der ungeheuren Probleme, die der Friedensvertrag von Versailles mit sich brachte, ging es mit der Wirtschaft wieder bergauf. Die Reedereien, die die Transatlantikroute bedienten, mussten allerdings unter nunmehr ganz anderen wirtschaftlichen und sozialen Bedingungen arbeiten als in der Vorkriegszeit.

Bis 1914 bildeten die Passagiere der ersten Klasse und vor allem die Auswanderer die Grundlage für das Geschäft. Dieses Passagieraufkommen auf dem Weg in die Neue Welt wurde immer größer, und die deutschen Reedereien hatten ein effizientes Agenturnetz in ganz Mitteleuropa aufgebaut, um diese Emigranten an Ort und Stelle für sich zu gewinnen. Aus wirtschaftlicher Sicht war es dieser Massentransport gewesen, der die Reedereien zwischen 1880 und 1914 bewog, in rasantem Tempo immer größere Schiffe zu bauen. Das Streben nach Größe war ein ebenso starker Faktor wie der Ehrgeiz, riesige schwimmende Hotels zu bauen.

Von 1921 an setzte eine nun viel strengere amerikanische Gesetzgebung der Masseneinwanderung ein Ende. Die großen Reedereien mussten ihr Geschäftsmodell revidieren. Sie bekamen aber die Chance, eine ganz neue Art von Kundschaft aufzutun, besonders in Amerika. Diese Kunden wollten mit begrenztem Budget reisen und Europa entdecken. So kam es, dass die Quartiere der Auswanderer in Kabinen mit vier bis sechs Schlafplätzen umgebaut wurden, natürlich ohne eigenes Bad. Man richtete Speisesäle ein, Salons und Rauchsalons, die diesen Namen auch verdienten, obwohl keinerlei Luxus vorhanden war. Dies alles erlaubte es, die sechs bis neun Tage einer Atlantiküberquerung unter akzeptablen Bedingungen auf sich zu nehmen. Es entstand eine neue dritte Klasse für Touristen, auf Englisch »Tourist Third Cabin«, wie um klarzumachen, dass die Zeit der Schlafsäle nun längst vorüber sei.

Auch die sogenannten höheren Schichten veränderten sich erheblich. Der Krieg hatte die traditionellen Eliten geschwächt. Sie sahen sich plötzlich konfrontiert mit Menschen, die über im Krieg neu erworbenen Reichtum verfügten. Die erste Klasse verlor etwas von ihrem exklusiven Charakter, und man war dort weniger unter sich als noch vor 1914. Man musste Neuaufsteiger akzeptieren, die bisher keinen Zugang gehabt hatten und die die Codes der höchsten Gesellschaftsschicht nicht kannten.

Diese Veränderungen wurden noch dadurch verschärft, dass die Frauen nun eine wichtigere soziale Rolle beanspruchten. Bald schnitten sie sich die Haare kurz und trugen Kleider, die einen

Die Paris *verlässt in den 1920er-Jahren den Hafen von New York (ganz oben links). Die* Lafayette *nahm 1930 den Dienst für die Compagnie Générale Transatlantique auf. Sie war eines jener Kabinenschiffe, die zu Ende der 1920er-Jahre aufkamen (ganz oben rechts). Die oberen Decks der* Paris *nach dem Brand 1929. Danach wurden die großen Räume des Promenadendecks erneuert (oben).*

totalen Bruch mit der Mode der Vorkriegsjahre bedeuteten. Die Rauchsalons standen ihnen nun auch zur Verfügung. Das setzte der Tradition ein Ende, dass Männer und Frauen die Zeit nach dem Abendessen getrennt verbrachten. Man hörte nun auch nicht nur klassische Musik: In den transatlantischen Soireen und Nächten bekam der Jazz donnernden Applaus.

Zu Beginn der 1920er-Jahre wurde nur eine kleine Zahl bedeutender Schiffe gebaut. Die Flotten der britischen Reedereien waren vollständig. Die französische Compagnie Générale Transatlantique stellte die *France* wieder in Dienst und vollendete die 1913 begonnene *Paris*. 1921 nahm sie den Dienst auf und wurde bald wegen seiner langen Nächte berühmt. Wenn sich nach ihrer Ankunft die amerikanischen Zöllner auf die Suche nach Alkohol machten, verließen die Passagiere das Schiff mit dem Gefühl, an einem endlosen Fest teilgenommen zu haben. Mit der *Paris* entfernte sich die French Line zum ersten Mal von den historischen Stilen der Inneneinrichtung. Der große Speisesaal der ersten Klasse war noch imposanter als der der *France* und orientierte sich am Jugendstil. Das restliche Schiff erschien weniger gelungen und brachte die zögerliche Haltung der Reederei in dieser Frage zum Ausdruck.

Im Jahre 1924 stieß die *De Grasse* zur *France* und zur *Paris*. Mit nur 175 m war der Dampfer typisch für die Neubauten der unmittelbaren Nachkriegszeit. Die erste Klasse wurde durch eine Klasse zwischen der ersten und der Touristenklasse ersetzt. Die Reedereien sprachen von der »Kabinenklasse«. Dampfer wie die *De Grasse* setzte eine Bewegung in Gang, die schließlich dazu führte, dass die Transatlantikreedereien immer größere Kabinenschiffe in Auftrag gaben. Die Schiffe, die zu Beginn der 1930er-Jahre ihren Dienst aufnahmen, etwa *Champlain* (CGT), *Britannic* und *Georgic* (White Star), *Manhattan* und *Washington* (US Lines), verfügten über eine Kabineneinteilung vergleichbar den großen Schiffen, die viel schneller unterwegs waren.

In jener Zeit kam der Dieselmotor auf. Vom Beginn der 1920er-Jahre wurden die schwedischen Schiffe *Gripsholm* und *Kungsholm* damit ausgerüstet, ebenso die *Vulcania* und die *Saturnia* aus Italien. Dann folgten der französische Liner *Lafayette* und die britischen Schiffe *Britannic* und *Georgic*.

Saint-Nazaire 1927: Die fantastische *Ile de France*

In dieser Zwischenkriegszeit, die sich von der Epoche vor 1914 so sehr unterschied, bedeutete die Indienststellung der *Ile de France* im Juni 1927 einen Wendepunkt. Mit ihren 241 m Länge und ihren knapp über 41 000 BRT stellte sie das erste Schiff dar, das nach dem Krieg konzipiert wurde. Ähnlich wie die Riesen der *Imperator*-Klasse ganz auf Albert Ballin zurückgingen, so trug die *Ile de France* den unauslöschlichen Stempel von John Dal Piaz, dem visionären Präsidenten der French Line seit 1918.

Als das Schiff 1924 in den Chantiers de Penhoet in Auftrag gegeben wurde, forderte Dal Piaz nicht zu technischen Neuerungen auf. Die Silhouette sollte vielmehr ähnlich ausfallen wie bei der *Paris*, bei etwas größerer Länge. Auf der Höhe des Promenadendecks entsprach der Grundriss der Kabinen ungefähr dem, was Mewès für die *Imperator* vorgesehen hatte, mit einem riesenhaften Prunksalon zwischen dem ersten und dem zweiten Schornstein, und einem etwas weniger formellen, aber hocheleganten großen Raum zwischen dem zweiten und dem dritten Schornstein.

Für die Inneneinrichtung wandte man sich an die Architekten und Gestalter, die bei der Exposition des Arts Décoratifs 1925 besonders hervorgetreten waren. So kam es zum entscheidenden Bruch mit der Vergangenheit. Süe und Mare bekamen den Auftrag für den großen Salon,

Die Ile de France *am Kai von Le Havre, ein Gemälde von Albert Brenet. Die Lokomotive im Vordergrund erinnert daran, dass die Reise nicht am Kai, sondern in Paris oder einer anderen europäischen Großstadt begann.*

Jacques-Émile Ruhlmann realisierte den Salon de Thé, Richard Bouwens de Boijen das große Treppengeländer, das sich über drei Decks erstreckte. Pacon war zuständig für den Rauchsalon ganz achtern, Patout für den Speisesaal der ersten Klasse im Herzen des Schiffes. Zu diesen großen Räumen kamen einige Luxuskabinen hinzu, die ebenfalls künstlerisch ausgestattet wurden.

Die *Ile de France* hatte sofort Erfolg und gewann von der ersten Saison an einen beachtlichen Teil der Passagiere erster Klasse als Kunden auf der Strecke von Europa nach Amerika. Das Schiff war eine Art Dauerausstellung der dekorativen Künste. Es bewies, dass der Stil der Ausstellung von 1925, das Art Déco, viel mehr war als nur eine vorübergehende Modeerscheinung. Und was noch wichtiger war und wohl die eigentliche Revolution bedeutete: Bei der *Ile de France* verband sich der Luxus erstmals mit der Modernität.

Die *Ile de France* gehörte zu jenen Schiffen, die von Anfang an Glück haben. Kurz vor der ersten Ausfahrt auf den Atlantik, noch im Becken von Saint-Nazaire, wurden durch einen Fehler die Leinen gelöst, als man mit den Maschinen einen Probelauf machte und sich daher die Schrauben in Bewegung setzten. Ein aufgeregter Matrose stürzte in die Kabine von Kapitän Blancart, der zur Brücke eilte und das Steuer übernahm. Blancart versuchte sein Schiff auf die Schleusenkammer zuzusteuern, am anderen Ende des Beckens. Auf dem Festland begriff ein Mann, was vor sich ging, und konnte im letzten Augenblick die Schleusentore öffnen – die *Ile de France* gelangte ohne den geringsten Schaden in die Schleuse.

So begann eine reiche, bewegte Karriere, ein 30 Jahre währendes Abenteuer. Die *Ile de France* unternahm die erste Überquerung, als Charles Lindbergh zum ersten Mal den Atlantik überflog. Sie quittierte den Dienst erst Ende 1958, einige Wochen nachdem die ersten Boeing 707 ihren Dienst aufgenommen hatten.

Im Sommer 1931 lieferten die Erbauer der *Ile de France* ein weiteres Schiff mit ähnlichen Ausmaßen an die Compagnie de Navigation Sud Atlantique aus. Diese *L'Atlantique* war für die Route von Bordeaux nach Südamerika vorgesehen. Sie sollte die französische Flagge hoch-

Die Ile de France, *hier auf einem Foto während der ersten Jahre ihrer langen glorreichen Karriere (oben).*
Die brennende L'Atlantique *im Ärmelkanal, Ende Januar 1933. Das Feuer zerstörte den üppig eingerichteten Dampfer vollständig (linke Seite).*

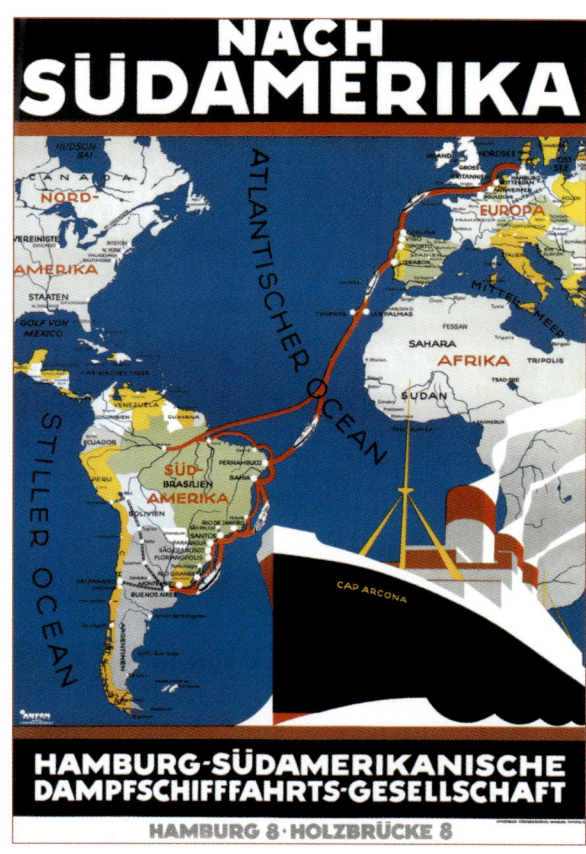

halten und ihre britischen, italienischen und vor allem deutschen Konkurrentinnen deklassie-ren. Die Hamburg-Südamerikanische Dampfschifffahrtsgesellschaft besaß vor allem die bemer-kenswerte *Cap Arcona*.

Während die Gesamtkonzeption der *Ile de France* der Tradition verhaftet blieb, zeigte die *L'Atlantique* eine völlig neue Aufteilung in Kabinen, die man monumental und hochherrschaft-lich einrichtete. Wie bei der *Leviathan* und der *Bismarck* wurden die Abzüge der Schornsteine an die Seiten verlegt, um eine lange Flucht mit weiter Perspektive zu eröffnen. Das bot den Architekten eine außergewöhnliche Gestaltungsfreiheit. Im oberen Bereich wurden die großen Räumlichkeiten ohne Unterbrechung miteinander verbunden, d. h. ohne dazwischen geschal-tete Galerie. Im unteren Bereich behielt man das Prinzip einer zentralen Straße bei, um zu den Apartments und Kabinen der ersten Klasse zu gelangen. Durch diesen architektonischen Eingriff entstanden an Bord logistische Probleme, wie sie für Städte typisch waren – wie wenn aus dem Dampfer eine schwimmende Stadt geworden wäre.

Im Gegensatz zu ihrer illustren Vorgängerin war der *L'Atlantique* nur eine sehr kurze Lebenszeit beschieden: Sie wurde in den ersten Tagen des Jahres 1933 durch ein Feuer zerstört. Das große, wenig bekannte und unglückliche Schiff hatte dann aber doch noch ein erstaunliches Nachleben. Die Gestaltungsprinzipien der *L'Atlantique* wurden zunächst von der *Normandie* übernommen, wobei man natürlich einen anderen Maßstab zugrundelegte. Und die Schiffbauingenieure, die unter der Leitung von Stephen Payne die *Queen Mary 2* konzipierten, machten ausgiebig Gebrauch von den Plänen der *L'Atlantique*.

OZEAN EXPRESS – DIE RÜCKKEHR DEUTSCHLANDS

Nachdem der Norddeutsche Lloyd und die Hamburg-Amerika Linie ihre großen Dampfer eingebüßt hatten, konnten sie ihre frühere Bedeutung auf dem Atlantik nur sehr langsam wiedergewinnen. Die *Hindenburg*, deren Kiellegung noch vor dem Krieg erfolgt war, wurde zu Beginn 1924 unter dem Namen *Columbus* an den Lloyd ausgeliefert. Diesen Namen hatte auch die *Homeric* getragen, das Zwillingsschiff, das die White Star Line bekommen hatte.

Zur gleichen Zeit engagierte sich die Hamburg-Amerika Linie in einem neuen Programm zum Bau von vier Schiffen. Das erste davon, die *Albert Ballin*, nahm im Juni 1923 den Dienst auf. Aber man war weit vom Ehrgeiz entfernt, der einst zum Bau der *Imperator* und der verwandten Schiffe geführt hatte. Die *Columbus* maß knapp 190 m, und ihre Geschwindigkeit war auf 16 Knoten beschränkt. Große Räume blieben für die Fracht reserviert. Diese vier Dampfer waren robust und gut konzipiert. Man veränderte und verbesserte sie dauernd, sodass sie die Erwartungen der Reederei voll erfüllten. Die *Albert Ballin,* auf Druck der NS-Regierung am 1.10.1935 in *Hansa* umbenannt, wurde 1945 versenkt, später von den Sowjets restauriert und fuhr bis gegen 1980.

Deutschland war wie Frankreich und Großbritannien sehr präsent im Südatlantik. Die Hamburg-Süd setzte mehrere Schiffe ein, darun-ter die Cap Arcona *(oben). Die Hamburg-Amerika Linie hatte zu Beginn der 1920er-Jahre mit dem Bau neuer Schiffe begonnen. Die damaligen deutschen Farben waren über dem Ocker der Schorn-steine angebracht (linke Seite).*

Die Bremen *im Bau. Blick auf das Heck
mit Konstruktionen für Wellentunnel mit
Wellenleitungen (ganz oben).
Der Funkraum der* Europa *mit moderns-
ter Technik auf dem Stand der Zeit
(oben).
Stapellauf der* Europa *bei Blohm & Voss
in Hamburg am 15. August 1928. Nach
dem Krieg erhielt Frankreich das Schiff.
Unter dem Namen* Liberté *fuhr es bis
Ende 1961 (rechts).*

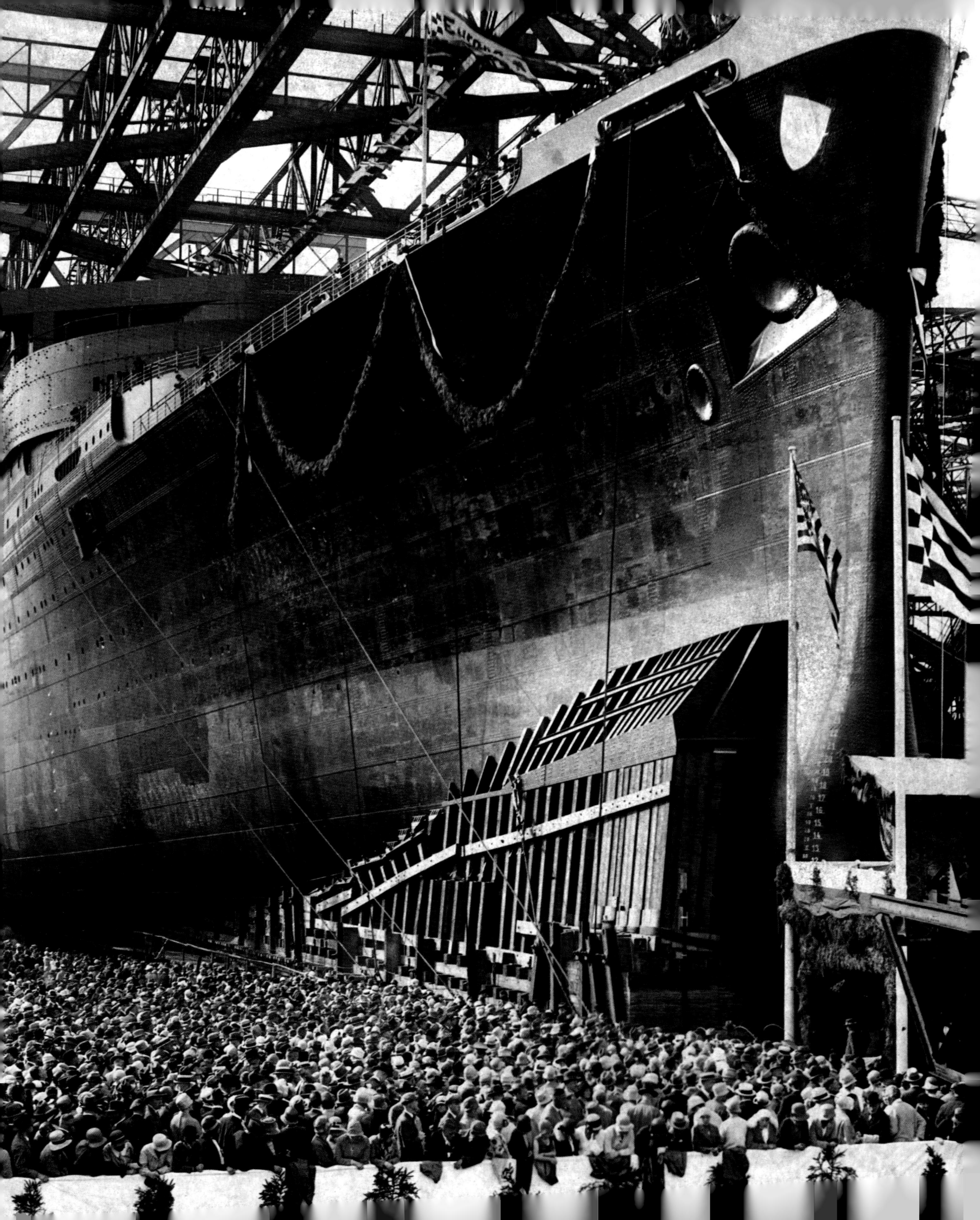

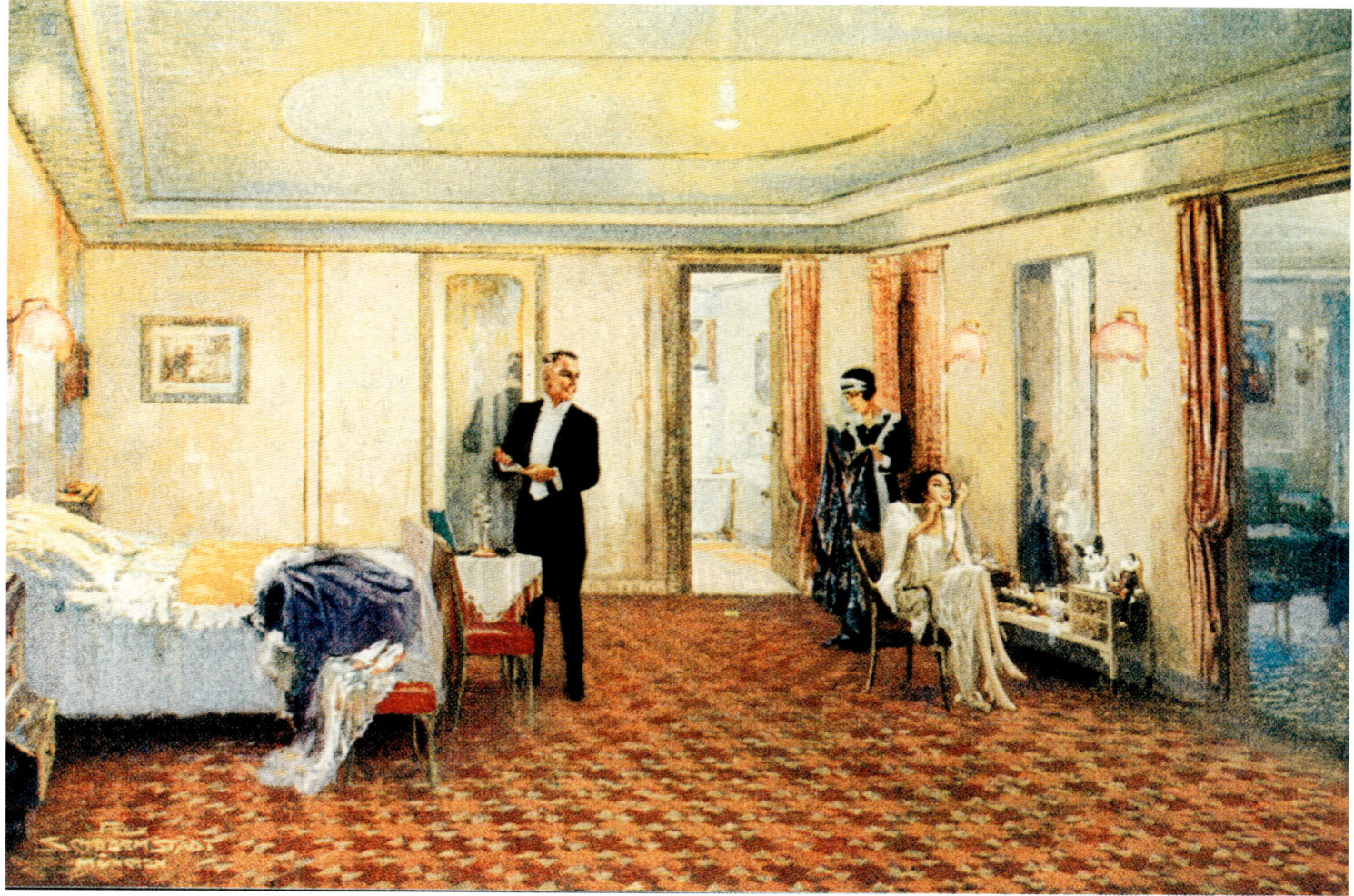

Vom allgemein technischen Standpunkt aus gesehen entfernten sich die großen Schiffe, die in der Mitte der 1920er-Jahre konzipiert wurden, nur wenig von ihren Vorgängern aus der Zeit vor 1914. Durch theoretische Untersuchungen lernte man nun den Wasserwiderstand besser kennen, und auch die Verfahren des Schiffbaus wurden erheblich weiterentwickelt.

Im Jahre 1926 hatte der Norddeutsche Lloyd mit Studien zum Bau eines großen schnellen Dampfers begonnen, der die *Columbus* unterstützen konnte. Zur gleichen Zeit erhielt die Gesellschaft bei Verhandlungen mit der amerikanischen Regierung eine Kompensation von über 27 Millionen Dollar für die 1917 in amerikanischen Häfen beschlagnahmten Schiffe. Generaldirektor Ernst Glässel überzeugte seinen Aufsichtsrat, nicht nur ein, sondern gleich zwei Schiffe in Auftrag zu geben in der Hoffnung, dass die Baukosten von den Zahlungen gedeckt sein würden – eine optimistische Annahme.

Die *Bremen* und die *Europa* waren die ersten Riesenschiffe der 1930er-Jahre. Sie revolutionierten den Schiffbau in gleichem Maße, wie dies die *Lusitania* und die *Mauretania* fast ein Vierteljahrhundert zuvor getan hatten. Mit 286 m Länge fielen sie fast so imposant aus wie die Kolosse der Imperator-Klasse. Die beiden Schiffe vereinigten auf sich die modernste Technologie der 1920er-Jahre. Der Rumpf erhielt einen Wulstbug und ein sehr charakteristisches Heck wie ein Kreuzer. Die Kessel hielten sehr viel höhere Drücke als in Schiffen der Vorkriegszeit. Die Antriebsleistung verdoppelte sich praktisch im Vergleich mit der alten

Raum in einem Luxusapartment an Bord der Europa *(oben). Der große Salon der zweiten Klasse hinter dem Promenadendeck auf der* Bremen. *Das Schiff wurde sehr sorgfältig gestaltet, und die öffentlichen Räume befanden sich in jeder Klasse oberhalb der Kabinen – mit Ausnahme der Speisesäle, die auf einem einzigen Deck lagen, direkt oberhalb der Wasserlinie (linke Seite).*

Die Bremen *vor Anker im Solent, ganz zu Beginn ihrer Karriere. Man beachte das Wasserflugzeug auf dem Katapult zwischen den Schornsteinen (oben). Empfang der* Bremen *in New York nach ihrer Jungfernreise im Juli 1929 (rechte Seite).*

Mauretania. Die Dienstgeschwindigkeit näherte sich damit 28 Knoten. Auch die Silhouette ließ den völligen Bruch mit den Konzepten der Vergangenheit erkennen. Sie beeindruckte durch ihre schlanke elegante Form und wurde nur von zwei gedrungenen Schornsteinen unterbrochen.

Die *Europa* wurde von Blohm & Voss in Hamburg, die *Bremen* von der AG Weser in Bremen gebaut. Die beiden Schiffe waren fast Zwillingsschwestern und unterschieden sich nur in Details. Ihr Stapellauf erfolgte am 15. bzw. 16. August 1928. Der Norddeutsche Lloyd fasste eine gleichzeitige Indienststellung im Frühsommer 1929 ins Auge. Das eine Schiff sollte von Bremen, das andere von New York aus starten, und beide sollten den Atlantik in Rekordzeit überqueren. Dieses grandiose Projekt hätte die triumphale Wiederkehr der deutschen Flagge auf dem Nordatlantik bedeutet. Doch im März 1929 zerstörte ein extrem heftiges Feuer um ein Haar die fast schon fertiggestellte *Europa*. Man musste erst mehrere Expertisen einholen, um sicher zu sein, dass man das Schiff retten konnte unter der Bedingung, dass ein bedeutender Teil der Aufbauten neu errichtet würde. Die *Bremen* stach im Juli 1929 allein in See, eroberte auf Anhieb das Blaue Band und war die Sensation in New York. Die *Europa* hatte ihren Auftritt im März 1930.

Sie holte sich das Blaue Band von ihrer älteren Schwester, aber diese erwies sich später doch um den Bruchteil eines Knotens schneller.

Die *Bremen* und die *Europa* waren unter allen Gesichtspunkten außergewöhnliche Schiffe, und sie zwangen alle großen Reedereien dazu, über eine Erneuerung ihrer Transatlantikflotten nachzudenken. Die kommerzielle Karriere der beiden neuen Giganten geriet allerdings durch die Wirtschaftskrise im Gefolge des Börsencrash vom Oktober 1929 bald ins Schlingern. In Europa war Deutschland als erstes Land und am härtesten davon betroffen. Die Zahl der Passagiere auf dem Nordatlantik ging von 1930 an zurück, und 1933 erreichte der Verkehr nicht einmal das halbe Volumen von 1929. Als sich die Situation 1934 und 1935 zu bessern begann, fuhren die beiden Schiffe bereits unter der Flagge Nazideutschlands und verloren dadurch einen Teil ihrer traditionellen Kundschaft.

GENUA 1932: *REX* UND *DUX*

Die Rex *läuft auf ihrer Jungfern-reise aufgrund technischer Proble-me mit einigen Tagen Verspätung in New York ein.*

Die erste Antwort auf die *Bremen* und die *Europa* kam aus Italien. Im Jahre 1930 hatten die beiden größten Reedereien, die Navigazione Generale Italiana (NGI) und der Lloyd Sabaudo, jeweils ein schnelles Transatlantikschiff bestellt. Die beiden Projekte hatten nichts miteinander zu tun, trotz ähnlicher Ausmaße und Leistungen der Schiffe. Zu Beginn des Jahres 1932

beschloss Mussolinis Regierung, die beiden Unternehmen miteinander zu verschmelzen. Sie bildeten die neue Italia, doch die NGI blieb dabei der dominante Partner.

Der Dampfer, den die NGI bei der Werft Ansaldo in Genua in Auftrag gegeben hatte, wurde beim Stapellauf am 1. August 1931 auf den Namen *Rex* getauft. Die Zahl der Bruttoregistertonnen war vergleichbar mit der *Bremen* und der *Europa*, und überhaupt lehnte sich das Schiff technisch gesehen eng an seine Vorbilder an. Es fiel nur etwas kürzer aus. Die *Rex* behielt übrigens beim allgemeinen Aufbau, bei der Kabinenaufteilung und auch bei der Inneneinrichtung nicht wenige Gemeinsamkeiten mit ihren unmittelbaren Vorgängerinnen bei der NGI bei, nämlich der *Augustus* und der *Roma*. So bekam sie auch ein traditionelles Heck, und bei der Gestaltung der Innenräume ließ man sich lieber vom 18. Jahrhundert inspirieren als vom Bauhaus.

Das zweite Schiff entstand in den Cantieri Riuniti dell'Adriatico in Triest. In stärkerem Maße noch als bei der *Rex* machten die Schiffbauer und Innenarchitekten Anleihen bei den beiden großen deutschen Schiffen und schufen einen bemerkenswerten Liner. Die *Conte di Savoia* hatte ihren Stapellauf im Oktober 1931, einige Wochen nach der *Rex*. Man hatte zuvor daran gedacht, sie *Dux* zu taufen. Doch Mussolini verzichtete darauf und zog es vor, seine Beziehungen zum Haus Savoyen zu dokumentieren.

Die Conte di Savoia *wurde in Triest gebaut, die* Rex *in Genua. Obwohl die* Conte *nie das Blaue Band hielt, war sie der* Rex *in keinem Bereich unterlegen.*

Italien stellt sich der Konkurrenz: Stapellauf der Rex in der Werft Ansaldo in Genua am 1. August 1931.

Man spürte, dass die *Conte di Savoia* in einer Stadt entstanden war, die einst zu Österreich-Ungarn gehört hatte. Sie war viel mehr von verschiedenen europäischen Einflüssen als vom italienischen Nationalismus bestimmt. Die gesamte Inneneinrichtung gestaltete Gustavo Pulitzer Finali (1887–1967). Er hatte in München studiert, ganz Europa bereist und seine Karriere zusammen mit seinem Bruder als Architekt in Brasilien begonnen. Im Jahre 1920 eröffnete er ein Studio für Inneneinrichtung und Möbelgestaltung und wurde zu einem großen Vorläufer des italienischen Designs.

So wurde die *Conte di Savoia*, ganz im Gegensatz zur *Rex*, ein entschieden modernes und auch bemerkenswert homogenes Schiff. In diesem gelungenen Ensemble gab es nur eine Unstimmigkeit: Gegen Pulitzers Widerstand setzte der Reeder durch, dass der größte Salon, die berühmte Sala Colonna, im Stil eines römischen Palazzo aus dem 16. Jahrhundert dekoriert würde. Und durch eine eigenartige Ironie wird immer wieder dieser Salon als Beispiel der Inneneinrichtung der *Conte di Savoia* gezeigt, obwohl er so wenig repräsentativ ist.

Weil die *Conte di Savoia* einige Wochen nach der *Rex* ausgeliefert wurde, etwas kleiner war und anfänglich dem kleineren Lloyd Sabaudo und nicht der NGI gehörte, fiel ihre Karriere auch etwas diskreter aus. Nach einer Jungfernfahrt mit zahlreichen technischen Schwierigkeiten im Oktober 1932 sicherte sich die *Rex* das Blaue Band im August 1933. Der große Dampfer war der ganze Stolz der Italiener. Aber in seinem Film »Amarcord« erinnert sich Fellini vor allem daran, dass sie als die schönste Realisation des faschistischen Regimes präsentiert wurde.

Die *Rex* trat wiederholt bei Veranstaltungen auf, bei denen es der italienischen Regierung ums Prestige ging, etwa bei der Flottenparade zu Ehren des ungarischen Reichsverwesers Horthy im November 1936 oder beim Besuch Hitlers in Italien im Mai 1938. Vor Genua nahm Hitler zusammen mit dem Duce von der Brücke der *Rex* aus die Parade der italienischen Kriegsflotte ab. Dies alles erklärt teilweise, warum die junge Republik Italien nicht von der Idee begeistert war, erhebliche Geldmittel aufzuwenden, um das Schiff zu retten, das bei Triest auf der Backbordseite lag, nachdem englische Flieger es beschädigt hatten. Das Schiff war zu eindeutig eines der großen Embleme des faschistischen Italien gewesen.

Von 1935 an wurde die *Rex* von einem anderen Dampfer weit abgehängt. Es war ein Schiff ohnegleichen und verkörperte während seiner nur allzu kurzen Karriere eine ganze Nation.

Ein Plakat der Reederei Lloyd Sabaudo, der die Conte di Savoia *gehörte, mit Hinweis auf ihre vier »gloriosen Schiffe« (oben). Die Empfangshalle der* Conte di Savoia *im Augenblick des Auslaufens: ein helles, nüchternes, entschieden modernes Ensemble (linke Seite).*

Zwei Fotos vom Stapellauf der Normandie am 29. Oktober 1932: Links die Einsegnung, rechts die Menschenmenge am Ufer der Loire, kurz bevor der Rumpf zu Wasser gelassen wird (oben). Die Normandie am Ausrüstungskai der Chantiers de Penhoet in Saint-Nazaire, einige Monate vor der Auslieferung. Die Schornsteine befinden sich endlich an Ort und Stelle. Der mittlere Schornstein trägt bereits den schwarzroten Anstrich (rechte Seite).

1935: NORMANDIE – DIE PRÄCHTIGE

Von der Jungfernfahrt im Mai 1935 bis zur letzten Atlantiküberquerung Ende August 1939 war die *Normandie* das Passagierschiff der Superlative. Während seiner ganzen Karriere auf See war es der größte Dampfer der Welt. Als einziges französisches Schiff hielt es das Blaue Band und überflügelte nicht nur die *Rex*, sondern 1937 auch die *Queen Mary*. Die *Normandie* war üppig ausgestattet und galt gleich von Beginn an als der schönste und prestigeträchtigste Dampfer, als ein Wirklichkeit gewordenes Traumschiff – genügend Elemente jedenfalls, um daraus eine Legende zu stricken.

Die French Line hatte von 1928 an, kurz vor dem Tod von John Dal Piaz, mit der Planung eines großen Schnelldampfers begonnen. Das Postabkommen, das der Staat mit der Gesellschaft geschlossen hatte, sah die Indienststellung eines neuen Schiffes vor 1932 vor. Abgesehen von dieser vertraglichen Verpflichtung wollte man mit diesem Projekt die Gewinne aus der erfolgreichen *Ile de France* wieder investieren und gleichzeitig der wirtschaftlichen Bedrohung begegnen, die von der unmittelbar bevorstehenden Indienststellung der *Bremen* und der *Europa* ausging.

Ursprünglich hoffte die CGT, das neue Schiff würde einen ganzen Tag auf die *Ile de France* einsparen können, indem es den Atlantik mit einer Geschwindigkeit nahe 28 Knoten überquere. Die Projektstudien, die bis in den Spätsommer 1930 fortdauerten, mündeten schließlich in einem extrem ehrgeizigen Plan. Es bedeutete es für den Schiffbau einen bedeutenden Schritt nach vorne – und das nur wenige Jahre nachdem die beiden deutschen Schiffe ihre Fahrten aufgenommen hatten.

Dem Rumpfdesign widmete man besondere Aufmerksamkeit, und man griff auf einen turboelektrischen Antrieb zurück: Die Turbinen trieben einen Wechselstromgenerator, der seiner-

Bau des Bugs der Normandie. Der
mächtige Wellenbrecher findet
sich fast identisch auch auf der
Queen Mary 2 (ganz oben).
Darunter zeitgenössische Größen-
vergleiche.
Einbau der Schiffsschrauben im
März 1935. Bei der Auslieferung
besaß die Normandie dreiflüge-
lige Schrauben. Aufgrund starker
Vibrationen bei hoher Geschwindigkeit musste man 1936 vier-
flügelige Schrauben einbauen
(rechte Seite).

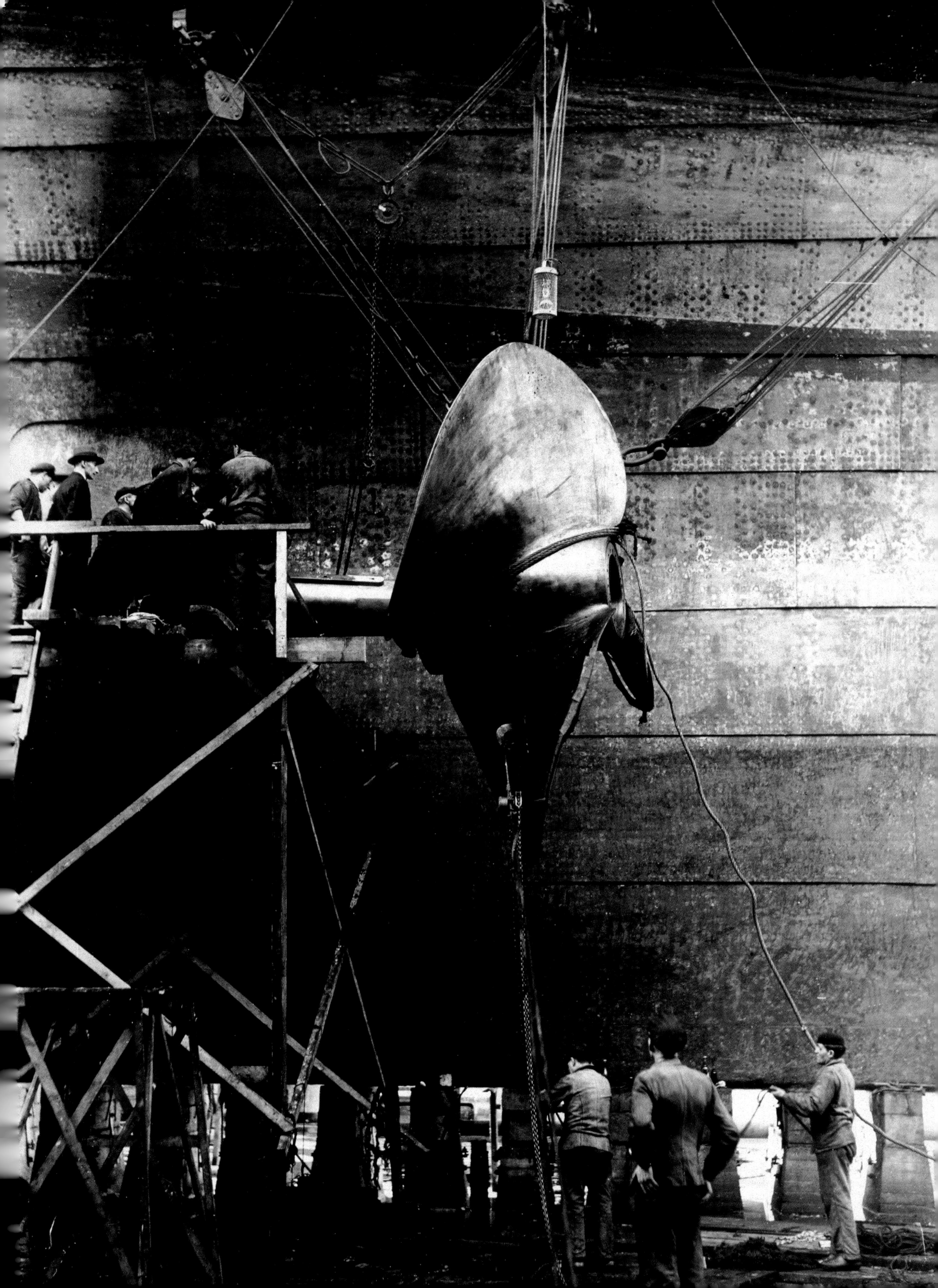

Feierlicher Stapellauf: Die Frau des Staatspräsidenten Lebrun hatte kurz zuvor die Normandie *getauft (oben).*
Die Normandie *auf einem Bild von Albert Brenet vor dem Pegelturm am Seebahnhof der French Line in Le Havre 1936 (rechts).*

*Triumphaler Empfang für die
Normandie in New York am Ende
ihrer Jungfernreise am 3. Juni
1935 (oben).
Zwei Studien von Albert Brenet.
Sie zeigen die Normandie im
Zustand der Jahre 1936 und 1937
(links).*

Empfangshalle der Normandie mit
Verkleidung aus hellem Onyx
(oben).
Rede des Staatspräsidenten Albert
Lebrun vor der Statue von Dejean
anlässlich der Einweihung am
23. Mai 1935 (links).
Speisesaal der ersten Klasse mit
vergoldeter Kassettendecke und
Wänden aus Pressglas (linke
Seite).

Der große Salon der ersten Klasse
mit den vier Ensembles von Jean
Dupas aus Verre Gravé, die vier
Zeitaltern der Schifffahrt gewidmet sind (oben).
Eine der Kabinen mit Veranda auf
dem Promenadendeck (rechts).
Speisesaal der ersten Klasse, gestaltet von Patout und Pacon. Der
außergewöhnliche Raum war fast
90 m lang (rechte Seite).
Detail aus dem »Raub der Europa«, einem der Kunstwerke von
Jean Dupas im großen Salon. Eine
dieser Tafeln – »Der Wagen des
Poseidon« – befindet sich heute
im Metropolitan Museum in New
York (folgende Doppelseite).

Das Schwimmbad der ersten Klasse befand sich unter
der Kapelle und war 23 m lang, ein Rekord für ein
Schiff. Es war ganz mit einem prächtigen Fries von
Victor Menu umgeben (oben und rechts).
Die Luxusapartments des Hauptdecks, oben »Caen«,
unten »Rouen«, umfassten einen Salon, einen
Speisesaal, vier Zimmer und vier Badezimmer. Die
Normandie besaß vier solcher üppiger Suiten, ferner
zehn Luxusapartments mit mindestens einem Schlaf-
und einem Wohnzimmer (linke Seite).

Es schneit in Southampton, und die Normandie *ist am Ende ihrer ersten Fahrt der Saison, bei der sie von einer Atlantiküberquerung mit fast 31 Knoten der* Queen Mary *das Blaue Band entreißt. Der Spaziergang auf dem Sonnendeck ist bei diesen Bedingungen ein Abenteuer (oben links, rechte Seite).*
Das Kultschiff Normandie*. Die French Line stellte das große Modell an ihrem Sitz in der Rue Auber in Paris ins Schaufenster (oben rechts).*

seits die Schrauben in Bewegung versetzte. Bei den Ausmaßen wollte man erstmals die 300 m übertreffen. Ähnliches war auch beim Rauminhalt vorgesehen. Das größte Schiff jener Zeit, die *Majestic*, verdrängte 56 000 BRT, doch die *Normandie* kam in einem Schritt auf 80 000 BRT.

Schließlich sollte der Dampfer den Atlantik mit einer Geschwindigkeit von 30 Knoten überqueren und somit die 5500 Kilometer in etwas mehr als vier Tagen zurücklegen. So sollte es möglich sein, mit nur zwei Schiffen dieser Kategorie einen wöchentlichen Transatlantikservice sicherzustellen, mit jeweils einer Abfahrt in jeder Richtung.

Die *Normandie* stellte somit die letzte Entwicklungsstufe der großen Transatlantikliner dar. Die Riesendampfer, die nach ihr auf Kiel gelegt wurden, lange vor dem Zweiten Weltkrieg, die *Queen Mary* und die *Queen Elizabeth*, und die Dampfer danach wie die *United States* und die *France*, sahen ihr alle ähnlich. Die *Normandie* wurde am 29. Oktober 1930 bei den Chantiers de Penhoet in Saint-Nazaire in Auftrag gegeben. Der Stapellauf erfolgte auf den Tag genau zwei Jahre danach. Der Bau geschah unter widrigen wirtschaftlichen Bedingungen. Sie führten zur De-facto-Verstaatlichung der French Line, um sie vor dem Konkurs zu retten. Das Projekt *Normandie* wurde weitergeführt, koste es, was es wolle, obwohl die Aktionäre und die öffentliche Meinung dagegen waren.

Im Frühjahr 1935 bemerkten die Franzosen, dass die *Normandie* fertiggestellt war: Sie eroberte das Blaue Band und konnte in New York einen unvergesslichen Triumph feiern. Da kippte die öffentliche Meinung, und plötzlich liebten alle das prestigeträchtige Schiff. Inmitten einer schwierigen und düsteren Zeit verkörperte es plötzlich das ideale strahlende Frankreich, das der Welt zeigen wollte, dass es immer noch zu den allergrößten Leistungen fähig war.

Seit 1935 geht die Hales Trophy an das Schiff, das das Blaue Band erobert hat, hier der Empfang an Bord der Normandie. Die Queen Mary *eroberte das Band im August 1937 zurück, die* Normandie *konterte im März und dann im August 1937. Schließlich verbesserte die* Queen Mary *die Zeit erneut im August 1938. Aber die Cunard Line wollte die Hales Trophy nie haben (oben).
Die* Queen Mary *in der Werft von Clydebank. Einige Wochen vor der ersten Fahrt sind die Schornsteine an Ort und Stelle und bekommen die Farben der Cunard Line, Orangerot und Schwarz (rechte Seite).*

1936–1938: DAS LETZTE DUELL

Mit einem sehr ähnlichen Zeitplan wie die CGT hatte die Cunard Line 1928 begonnen, über die Zukunft ihres schnellen Transatlantikservice nachzudenken. Die Aussicht, dass die *Bremen* und die *Europa* bald ihren Dienst aufnehmen würden, zwang zu schnellen Entscheidungen. Die *Mauretania* stammte aus dem Jahre 1907, die *Berengaria* von 1913, die *Aquitania* von 1914. Die Cunard Line dachte sofort daran, diese drei Dampfer durch zwei neue Schiffe zu ersetzen: Das wäre möglich, wenn man eine Geschwindigkeit von 30 Knoten erreichen könnte. Die Ausgangspunkte der French Line (Gewinn eines Tages auf die *Ile de France*) und der Cunard Line (ein Expressservice mit zwei Schiffen) stimmten zu Beginn zwar nicht überein, führten aber am Ende dazu, dass die Spezifikationen der beiden Projekte fast identisch waren.

Im Dezember 1930 wurde die *Queen Mary* in der Werft John Brown in Clydebank auf Kiel gelegt, einen Monat vor der *Normandie*. Nach nur wenigen Monaten erzwang die Wirtschaftskrise die Einstellung der Arbeiten. Der Rumpf mit der Nummer 534 blieb so bis zum Mai 1934 verlassen und unvollendet auf der Helling liegen. Dann nahm man die Arbeiten mit finanzieller Unterstützung der britischen Regierung wieder auf. Im Rahmen einer Umstrukturierung hatte sie die Fusion zwischen der Cunard und der White Star Line erzwungen.

Zwischen 1934 und 1936 wurden die *Mauretania*, die *Olympic*, die *Majestic* und die *Homeric* verschrottet. Die beiden zuletzt genannten waren weniger als 15 Jahre aktiv gewesen. Die *Berengaria* folgte ihnen 1938. Von der alten White Star Line behielt die neue Reederei auf Dauer nur die *Britannic* und die *Georgic*. Sie fuhren nun auf der Linie London–New York, die als Alternative zum Expressservice Southampton–New York galt.

Die *Queen Mary* war traditioneller konzipiert als die *Normandie* und auch in einem weniger brillanten Stil eingerichtet und dekoriert, was Polemiken und Kontroversen aber keineswegs ausschloss. Sie hätte von 1934 an in Dienst stehen sollen, noch vor der *Normandie*. Doch die lange Unterbrechung der Bauarbeiten hatte zur Folge, dass der neue Riese seine lange glorreiche Karriere erst im Frühjahr 1936 begann.

Ende August entriss der neue englische Liner der *Normandie* das Blaue Band, aber dieser Sieg war nur von kurzer Dauer. Im März 1937, bei der ersten Atlantiküberquerung der neuen Saison, eroberte diese die Trophäe zurück, nachdem sie neue Schiffsschrauben bekommen hatte. Im August verbesserte sie sogar diesen Rekord mit einer Fahrt von Amerika nach Europa mit einer Durchschnittsgeschwindigkeit von 31,20 Knoten. Zum ersten Mal hatte ein Schiff für die Überquerungen in beiden Richtungen, westbound und eastbound, weniger als vier Tage gebraucht. Das Hin und Her ging noch ein Jahr so weiter. Im August 1938 gewann die *Queen Mary* dauerhaft die Oberhand über die *Normandie* mit einer Fahrt mit 31,69 Knoten, obwohl ihr Rumpfdesign längst nicht so ausgeklügelt war wie bei der französischen Konkurrentin. Dafür leistete der

Die Queen Mary *verlässt endlich Clydebank und wird von den Werftarbeitern verabschiedet (ganz oben).*
Am Anleger in Southampton, kurz vor der Jungfernfahrt am 27. Mai 1936 (oben).
Der hohe Vordersteven beherrscht die Werft John Brown und die Stadt Clydebank am Tag vor dem Stapellauf im September 1934 (rechts).

Die Inneneinrichter der Queen Mary *griffen vor allem auf Hölzer aus dem britischen Weltreich zurück. Ganz oben der große Salon, darunter eine Kabine der ersten Klasse.*

Antrieb rund 25 Prozent mehr. Abgesehen von diesem technischen Erfolg genoss die *Queen Mary* auch die Gunst des amerikanischen Publikums, und diese Begeisterung hielt sich bis zum Beginn der 1960er-Jahre. Dies alles bewog die Cunard Line sehr früh, ein zweites Schiff in Auftrag zu geben, das zusammen mit der *Queen Mary* die Linie Southampton–New York bedienen sollte.

Die *Queen Elizabeth* wurde im Dezember 1936 auf Kiel gelegt und erlebte ihren Stapellauf im September 1938, zur Zeit der Münchner Konferenz, die schließlich zu einer handfesten Krise ausartete. Die Cunard Line hatte an vielen Stellen versucht, die Pläne der *Queen Mary* zu verbes-

sern. Die Zahl der Schornsteine wurde von drei auf zwei verringert. Wie auf der *Normandie* legte man die oberen Decks frei, um große, den Passagieren zugängliche Räume zu schaffen. Man überarbeitete auch die Raumaufteilung und schuf achtern einen Theatersaal, der den Passagieren der ersten Klasse und der Touristenklasse zugänglich sein sollte.

Trotz dieser Anstrengungen blieb die *Queen Mary* dauerhaft die Favoritin der Passagiere, vielleicht weil die Inneneinrichtung der *Queen Elizabeth* vom Ende der 1930er-Jahre, die allerdings 1946 leicht verändert wurde, eben doch weniger gelungen ausgefallen war als bei ihrer Vorgängerin.

Der große Speisesaal. Bei der Konzeption der Räume und des Dekors ist man weit vom Prunk der Normandie entfernt, aber die Passagiere liebten seit jeher dieses Ensemble.

1939: DIE ZEIT DER LETZTEN TRÄUME

Die *Queen Elizabeth* hätte im April 1940 zu ihrer Jungfernreise auslaufen sollen. Sie war einen Meter länger als die *Normandie* und besaß ein paar Dutzend Bruttoregistertonnen mehr. Damit hätte die Cunard Line der French Line den Titel des größten Schiffes der Welt abnehmen und so ihren hundertjährigen Geburtstag feiern können. Durch den Ausbruch des Zweiten Weltkriegs musste die *Queen Elizabeth* aber bis zum Oktober 1946 warten. Erst dann konnte sie die ersten zahlenden Passagiere von Southampton nach New York transportieren.

Wie die *Bremen* und die *Europa* die ersten Schiffe einer ganz neuen Generation waren, so hätte auch die *Queen Elizabeth* von 1940 an den Weg für eine ganze Reihe neuer Liner frei machen sollen, denn die bedrohliche Lage in Europa hinderte die großen Reedereien nicht daran, mit viel Geld ihre Flotten zu erneuern. Einige dieser Schiffe wurden gerade vor dem Ausbruch des Konflikts fertiggestellt, etwa die prächtige *Nieuw Amsterdam* der Holland-Amerika Lijn, die zweite *Mauretania*, die *Pasteur* der Sud Atlantique. Als Nachfolgerin der *L'Atlantique* sollte die *Pasteur* am 10. September 1939 Bordeaux für ihre erste Reise verlassen, doch sie transportierte unter französischer Flagge niemals auch nur einen einzigen Passagier.

Die *America*, das neue von William Francis Gibbs konzipierte Flaggschiff der United States Line, lief am 31. August 1939 in Newport News vom Stapel. Trotz der amerikanischen Neutralität

Die Pasteur *wurde 1936 von der Compagnie Sud-Atlantique in Auftrag gegeben. Sie sollte die 1933 zerstörte* L'Atlantique *ersetzen. Das Rumpfdesign ging wie bei der* Normandie *auf Vladimir Yourkevitch zurück. Die* Pasteur *wurde im Sommer 1939 fertiggestellt und fuhr bis 1956 als Truppentransporter (oben). Die* Paris *brennt an der Pier in Le Havre am 18. April 1939. Das gekenterte Wrack blieb hier rund zehn Jahre liegen (rechte Seite).*

Die 1938 in Dienst gestellte Nieuw Amsterdam war das Flaggschiff der Holland-Amerika Lijn, hier im September 1939 in New York. Die Mannschaft bringt am Rumpf Schutzzeichen für seine Neutralität an.

befuhr sie nicht den Atlantik, sondern wurde vom Sommer 1940 an für Kreuzfahrten von New York aus eingesetzt. Später tat sie bei der Kriegsmarine Dienst. Die Svenska Amerika Linien ließ die *Stockholm* in Italien bauen. Das fast fertige Schiff fing im Dezember 1938 in der Werft Feuer und ging verloren. Die Reederei bestellte sofort ein identisches Schiff mit demselben Namen. Diese zweite *Stockholm* wurde 1941 fertiggestellt, konnte der Reederei aber nicht mehr ausgeliefert werden. Sie wurde im Juli 1944 bei einer Bombardierung Triests zerstört.

In Deutschland hatte die Hamburg-Amerika Linie mit dem Bau einer neuen *Vaterland* begonnen. Sie sollte das erste Schiff eines Trios werden, mit dem man die vier Schiffe der *Albert Ballin*-Klasse ersetzen wollte. Die über 250 m lange *Vaterland* hatte mit der *Normandie* den turboelektrischen Antrieb gemeinsam. Das Rumpfdesign stammte vom russischstämmigen Ingenieur Vladimir Yourkevitch, der auch viel zur Konzeption des prestigeträchtigen Flaggschiffs der French Line beigetragen hatte. Die *Vaterland* wurde im August 1940 vom Stapel gelassen, bei einer Bombardierung Hamburgs schwer beschädigt und zu Kriegsende schließlich verschrottet. Diese Dampfer mit ihren jeweils unterschiedlichen Schicksalen waren zwar sehr

große Schiffe, gehörten aber nicht zur Phalanx jener Riesen, die sich das Blaue Band bis 1939 streitig gemacht hatten. Auch für diese Gruppe gab es Projekte, die vor allem der Norddeutsche Lloyd und die French Line realisieren wollten. Die CGT brauchte unbedingt einen neuen Riesenliner, nachdem sie die *Lafayette* und die *Paris* 1938 bzw. 1939 durch Brände verloren hatte. Der neue Dampfer sollte *Bretagne* heißen und war als Weiterentwicklung der *Normandie* konzipiert. Die Transat wollte, dem Beispiel der Cunard folgend, einen Expressservice mit zwei Schiffen anbieten, insbesondere für Passagiere der ersten Klasse, welche die Hauptkunden darstellten. Diese *Bretagne* sollte Anfang 1940 in Saint-Nazaire auf Kiel gelegt werden und dann im Frühjahr 1944 ihren Dienst aufnehmen.

Der Norddeutsche Lloyd verfolgte eine ähnliche Terminplanung wie die CGT und hatte gerade die Pläne für ein extravagantes Schiff abgeschlossen. Es sollte etwas länger werden als die *Normandie* und die beiden Queens, sehr viel mehr Leistung bringen (in der Größenordnung von 300 000 PS) und über fünf Schiffsschrauben verfügen, um Geschwindigkeiten von über 35 Knoten zu erreichen. Diese *Amerika*, die später den Namen *Viktoria* tragen sollte, war in der

Die neue Mauretania *stieß 1939 zur Flotte der Cunard Line. Sie war als Ergänzung für die* Queen Mary *und für die 1940 erwartete* Queen Elizabeth *konzipiert worden. In diesem Jahr wollte die Cunard Line ihr hundertjähriges Bestehen feiern.*

Weil man die America *wegen des Krieges nicht im Atlantik einsetzen konnte, unternahm sie 1940 Kreuzfahrten, hier im Panamakanal (oben). Die alte* Mauretania *gehörte zu den Dampfern, die in den 1930er-Jahren verschwanden, als sich die Wirtschaftskrise auch im Transatlantikverkehr bemerkbar machte. Von 1933 bis zur Abwrackung 1935 nutzte man sie als Kreuzfahrtschiff mit weißem Rumpf. Hier verlässt sie ein Schwimmdock in Southampton (vorhergehende Doppelseite).*

Tat ein Prestigeprojekt des Dritten Reiches. Wirtschaftliche Erwägungen hatten bei der Definition der Eigenschaften dieses Schiffs kaum eine Rolle gespielt. Zu Kriegsbeginn verschob man einfach die Kiellegung, doch je mehr sich der Konflikt ausweitete, um so weiter in die Ferne rückte sie.

Ende August 1939 wurde der Transatlantikverkehr brutal unterbrochen. Am 29. August gelang es der *Bremen*, New York zu verlassen, obwohl die amerikanischen Behörden ein Auslaufen hatten verhindern wollen. Am 6. September tauchte sie in Murmansk auf und fuhr von dort nach Bremerhaven. Die größten französischen, englischen und niederländischen Dampfer – *Normandie, Queen Mary, Ile de France, Aquitania*, die neue *Mauretania* und die *Nieuw Amsterdam* – wurden nach New York in Sicherheit gebracht. Die *Rex* und die *Conte di Savoia* blieben bis zum Frühjahr 1940 in einer friedensähnlichen Konfiguration in Dienst. Dann wrackte man sie in Triest und der Umgebung von Venedig ab.

Als der Frieden 1945 zurückkehrte, waren die meisten der großen Dampfer, die man zwischen 1930 und 1939 gebaut hatte und die eine Art Höhepunkt des Schiffbaus dargestellt hatten, ganz verschwunden oder zu stark beschädigt, als dass man eine Restaurierung hätte ins Auge fassen können.

Im März 1940 lagen die
Normandie, die Queen Mary und
die Queen Elizabeth zum ersten
und einzigen Mal nebeneinander
in New York. Die Normandie sollte
die Pier 88 nicht mehr verlassen
und behielt ihre zivilen Farben,
weil sie französisch blieb. Die
beiden Queens wurden sehr
schnell vom Militär eingesetzt
(oben).
Die America in der Werft von
Newport News. Ihr Stapellauf fand
Ende August 1939 statt, als in
Europa der Krieg begann (links).

Mit den grau gestrichenen Aufbauten und
den beiden Kanonen war die alte Aquitania
einer der ersten Dampfer, der New York mit
einem militärischen Auftrag verließ (oben).
Im März 1940 macht sich die Queen Mary
an der Pier 90 bereit, um zum Kap, nach
Singapur und Australien auszulaufen
(rechts).

WOHLSTAND UND NIEDERGANG
1945–1976

WOHLSTAND UND NIEDERGANG
1945–1976

Mehr noch als in der Zeit von 1914 bis 1918 spielten die großen Dampfer, besonders die des Atlantiks, eine entscheidende Rolle im Zweiten Weltkrieg (1939–1945), der sich immer mehr ausweitete. Auch nach der Kapitulation Deutschlands und Japans blieben die mobilisierten Schiffe unter den alliierten Flaggen und behielten den grauen Kriegsanstrich bei, weil sie Hunderttausende amerikanischer, kanadischer und australischer Soldaten, die am Krieg teilgenommen hatten, in ihre Heimat zurückbringen mussten. So kam es beispielsweise, dass die *Ile de France* erst 1947 ihrer Reederei zurückgegeben wurde, nachdem sie im Pazifik, im Nordatlantik und schließlich auf der Indochinaroute Dienst geleistet hatte.

Die *Queen Mary* und die *Queen Elizabeth* dienten von 1940 an als Truppentransporter. Obwohl sie als rein zivile Schiffe konzipiert waren, leisteten beide einen entscheidenden Beitrag zu den Kriegsanstrengungen der Alliierten. Die Liner transportierten einen großen Teil der amerikanischen Truppen nach Europa, die in der Normandie landen sollten.

Von 1942 an wurden beide Schiffe so umgebaut, dass sie eine ganze Division, 15 000 Mann, transportieren konnten. Beide operierten unter absoluter Geheimhaltung. Da ihre Geschwindigkeit als ihr bester Schutz galt, waren sie bis in die Nähe der schottischen Küste ohne Begleitschutz unterwegs. Nach dem Krieg würdigte Churchill all jene, die noch vor dem Krieg diese beiden Schiffe konzipiert und gebaut hatten. Er nahm an, diese beiden englischen Dampfer hätten die Dauer des Konflikts in Europa allein um ein Jahr verringert.

Die Rückkehr der großen Dampfer auf den Atlantik: oben links die Nieuw Amsterdam *in Le Havre bei ihrem ersten Zwischenstopp der Nachkriegszeit und die* Ile de France *in Saint-Nazaire nach der Modernisierung, die von 1947 bis 1949 dauerte (oben rechts). Die* Liberté, *dargestellt von Collin. Die ehemalige* Europa *nahm 1950 den Dienst wieder auf und wurde zum Flaggschiff der French Line (linke Seite).*

Come aboard for all the fun of France

Once aboard a great French Line ship to Europe, you are forever spoiled for any voyage less enchanting.

You find the very air sparkles with the fun-loving spirit of France. You relax to the French flair for elegance and ever-gracious service. Your appetite revels in the delights of French cuisine, recognized the world's finest. You respond, with interesting new friends, to merry hours of entertainment.

Almost with regret you arrive at your port—refreshed and ready for the sights and fun ahead.

REGULAR SAILINGS FROM NEW YORK:
The magnificent 51,840-ton **Liberté**, Sept. 1*, 18.
The gracious, storied **Ile de France**, Aug. 24, Sept. 11.
The intimate **Flandre**, Sept. 5, 24.
*On Sept. 1 the Liberté sails at 12:05 A.M.

French Line

610 Fifth Ave., New York 20, N. Y.

Consult your Authorized French Line Travel Agent

Einige andere große Schiffe, etwa die *Ile de France*, die *America* oder die *Nieuw Amsterdam*, ernteten denselben Ruhm wie die beiden Cunard-Liner. Aber die meisten großen Dampfer, die vor 1939 den Transatlantikverkehr dominiert hatten, waren entweder zerstört oder zu stark beschädigt, als dass man eine Restaurierung wieder hätte ins Auge fassen können. Ende Oktober 1940 wurde die *Empress of Britain* auf hoher See vor Irland erst von einer Focke-Wulf Fw 200 Condor bombardiert und dann von einem deutschen U-Boot torpediert. Im März 1941 fing die *Bremen* in ihrer Heimatstadt durch einen Sabotageakt Feuer und musste verschrottet werden. Die *Conte di Savoia* wurde 1943, die *Rex* ein Jahr später bombardiert. Man machte die *Conte* zwar wieder flott, doch verkaufte man das Wrack 1950 zum Schrottwert.

Der Verlust mit den schwersten Konsequenzen betraf die *Normandie*. Vom September 1939 an lag sie ausgeschlachtet an der Pier 88 in New York. Die französische Regierung hatte nie ins Auge gefasst, sie militärisch einzusetzen. Ende 1941 wurde sie von der amerikanischen Regierung beschlagnahmt. Man war gerade dabei, sie zum Truppentransporter umzubauen, als am 9. Februar 1942 Feuer an Bord ausbrach. Bei den Löscharbeiten kenterte sie.

Die Ile de France *1949 vor dem zerstörten Le Havre mit nur noch zwei Schornsteinen anstelle von drei in der Zeit vor dem Krieg (oben).*
Trotz der schweren Verluste im Krieg konnte die French Line ihre Stellung auf dem Atlantik wiedergewinnen. Die Indienststellung der Ile de France *1949 war beinahe ein nationales Ereignis (linke Seite).*

Das Ende der Normandie: *Ganz oben links das verlassene Wrack in Red Hook (Brooklyn), 1944/45 und die letzte Reise nach New Jersey im November 1946 (oben rechts). Abbrucharbeiten am Achterschiff; der große Speisesaal ist zu erkennen. Die Zerstörung des Schiffes löste überall tiefes Bedauern aus. Was blieb, war die Erinnerung an einen herrlichen Liner, die auf dem Plakat auf der rechten Seite zum Ausdruck kommt.*

Was von der *Normandie* noch übrig war, wurde Ende 1943 wieder flottgemacht. Das Schiff, das im Krieg anfänglich eine ähnliche Rolle hätte spielen sollen wie die beiden Queens, erwies sich dann aber als zu stark beschädigt, als dass die US Navy sie hätte weiter restaurieren wollen. Man gab sie 1944 auf und verkaufte sie 1947 zum Schrottwert.

MIT BORDMITTELN

Während im Krieg zahlreiche emblematische und wirklich moderne Schiffe der unmittelbaren Vorkriegszeit untergingen, verschwanden auch die Dampfer aus der Zeit vor 1914. Von dieser Gruppe existierten nur noch die alte *Aquitania*, die *George Washington* und die *Amerika*, die 1945 immerhin schon über 40 Jahre alt war.

Von 1947 an war klar, das es vor allem auf dem Nordatlantik wieder viel Verkehr geben würde. Um diesen zu bewältigen, standen den Reedereien aber nur beschränkte Mittel zur Verfügung. In Europa jedenfalls konnte niemand davon auch nur träumen, schnell einen großen Dampfer bauen zu lassen. Dafür gab es zu wenig Geld, zu wenig Rohstoffe, und die Industrie lag darnieder. Zwischen 1945 und 1950 wurden die Linien folglich mit altem Material wiedereröffnet.

Abgesehen von den deutschen Reedereien, deren wenige verbliebene Dampfer wie 1919 von den Alliierten beschlagnahmt wurden, war die French Line in der schlimmsten Lage. Von den sechs großen französischen Transatlantikdampfern vor 1939 fuhr nur noch die *Ile de France*, doch die Reederei konnte nicht darauf hoffen, sie sofort zurückzubekommen. So wurde die kleine *De Grasse*, die nach dem Krieg im Mündungsgebiet der Gironde lag, wieder flottgemacht und neu eingerichtet. Sie erhielt im Sommer 1947 die feierliche Aufgabe, die Linie Le Havre–New York wiederzueröffnen. Obwohl das Schiff schon fast ein Vierteljahrhundert alt war, hatte es sofort großen Erfolg.

In der Zwischenzeit bekam Frankreich als anteilige Kompensation für den Verlust der *Normandie* den großen deutschen Dampfer *Europa*, der einst das Blaue Band gehalten hatte.

Cie Gle TRANSATLANTIQUE
French Line
ATLANTIQUE - PACIFIQUE - MÉDITERRANÉE

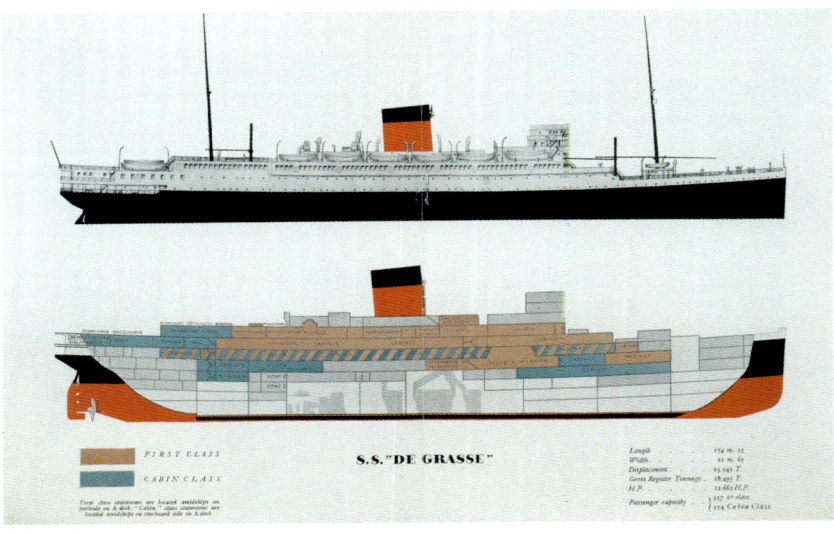

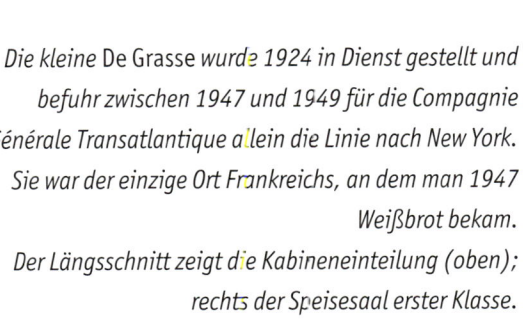

*Die kleine De Grasse wurde 1924 in Dienst gestellt und
befuhr zwischen 1947 und 1949 für die Compagnie
Générale Transatlantique allein die Linie nach New York.
Sie war der einzige Ort Frankreichs, an dem man 1947
Weißbrot bekam.
Der Längsschnitt zeigt die Kabineneinteilung (oben);
rechts der Speisesaal erster Klasse.*

Im Juni 1947 erhielt Frankreich von der amerikanischen
Regierung die Europa. Sie wurde in Liberté umgetauft.
Im Dezember 1946 riss sich die Liberté los, kollidierte mit
dem Wrack der Paris und sank im Hafen (Mitte).
Die Liberté wurde gehoben und in Saint-Nazaire wiederhergestellt. 1950 war sie wieder in Le Havre (oben,
unten). Im August erlebte sie nach ihrer Jungfernreise
einen feierlichen Empfang in New York (rechts).

Mit der Liberté fand die French Line wieder zu ihrem Stil zurück: ganz oben eine Raucherecke in der ersten Klasse und eine Bar; rechts die mit rosa Marmor verkleidete Empfangshalle, von der Galerie des Decks B aus gesehen.

Die Kunst an Bord der Liberté: *oben
links »Erntezeit« von Dunand.
Ganz oben rechts das Schwimmbad
mit einem Mosaik von Mathurin
Méheut.
Links die Kapelle mit Altar und oben
das Musikzimmer, heute im Museum
Escal'Atlantic in Saint-Nazaire
ausgestellt.*

Die Queen Elizabeth *in den Farben der Cunard Line 1946 in Southampton, kurz vor ihrer Jungfernreise. Diese sollte ursprünglich im Frühjahr 1940 anlässlich der Hundertjahrfeier der Cunard Line stattfinden. Beide Queens spielten im Weltkrieg eine entscheidende Rolle.*

Auf Anregung des französischen Innenministers Jules Moch wurde er in *Liberté* umgetauft, obwohl die Reederei *Lorraine* bevorzugt hätte. Nach einem langen Aufenthalt in der Werft und mehreren Schicksalsschlägen, zu denen auch eine Kenterung im Hafen von Le Havre zählte, nahm das Schiff erst 1950 den Dienst auf, eine Jahr nach der *Ile de France*. Mit der *De Grasse* erlaubten die beiden schon älteren, aber sehr schön eingerichteten Schiffe der Transat eine späte, aber unbestrittene Rückeroberung des Marktes. In den Jahren 1951 und 1952 stand die CGT, was die Zahl der transportierten Passagiere anbelangt, hinter der Cunard Line an zweiter Stelle der Nordatlantikgesellschaften.

Die Cunard Line erlebte von 1946 bis zum Wendepunkt zu Beginn der 1960er-Jahre die weitaus beste Zeit ihrer Geschichte. Die *Queen Elizabeth* kehrte 1945 ins zivile Leben zurück. Man brauchte über ein Jahr, um sie wieder in einen großen Transatlantikliner zu verwandeln. Im Oktober 1946 lief sie zu ihrer ersten Reise aus. Im darauffolgenden Sommer kehrte auch die *Queen Mary* zur Linie Southampton–New York zurück. Obwohl die *Mauretania* von 1939 bald zu ihnen stieß, dominierten die beiden Riesen weitgehend die Nachkriegszeit.

Cunard erhielt kurz nach Kriegsende die Erlaubnis, ein Schiff mit ähnlichen Ausmaßen wie die *Mauretania* in Auftrag zu geben. Es wurde *Caronia* getauft. Der Stapellauf fand im Oktober 1947 statt. Dieses erste große Schiff der Nachkriegszeit war in drei Grüntönen gestrichen, extrem luxuriös eingerichtet und absolut einzigartig. Die Cunard wollte es weniger im Nordatlantikverkehr als vielmehr für lange Kreuzfahrten einsetzen. Dabei blieb dessen Kapazität auf 500 Passagiere beschränkt. Innerhalb ihrer wirtschaftlichen Nische erlebte die *Caronia* einen dauerhaften Erfolg. Sie zog reiche Kunden an, die Zeit hatten und dem Schiff treu blieben.

Die *Caronia* hatte keine unmittelbaren Nachkommen, nicht einmal innerhalb der Cunard-Flotte. Aber die Zeit verging, in der die Reedereien die alten Schifffahrtsverbindungen mit alten Schiffen neu eröffnen mussten. In den 1950er- und zu Beginn der 1960er-Jahre gab es viele Projekte und neu gebaute Schiffe.

Die Cunard Line auf ihrem Höhepunkt mit drei Luxuslinern im New Yorker Hafen: links die Britannic *an der Pier 94, die* Queen Mary *in der Mitte und die* Mauretania *rechts, beide an der Pier 90.*

Die Queen Elizabeth *legt in den 1950er-Jahren von der Pier 90 in New York ab. Wegen der Strömung des Hudson musste das Schiff mit höherer Geschwindigkeit rückwärts ablegen; diese konnte beim Verlassen des Hafenbeckens bereits 12 Knoten betragen. Von der Pier aus gesehen erschien das Manöver spektakulär.*

Newport News, 1952

Die Rolle, die die beiden großen Cunard-Schiffe und auch zu einem geringeren Umfang die *America*, umgetauft in *West Point*, während des Krieges spielten, blieb der amerikanischen Regierung und noch weniger William Francis Gibbs verborgen. Während des Krieges hatte Gibbs & Cox drei Viertel der in den USA gebauten Schiffe entworfen. Diese geradezu hektische Aktivität hatte Gibbs aber nicht daran gehindert, seit 1943 an Plänen eines Riesenliners zu arbeiten, der – wenn die Zeit gekommen sein würde – der *Queen Mary* und der *Queen Elizabeth* die Stirn bieten könne.

Zu Kriegsende war Gibbs in der Lage, sein Projekt den amerikanischen Behörden vorzustellen und von der Navy erhebliche finanzielle Beiträge zu erhalten. Sein Schiff sollte zu Friedenszeiten von den US Lines genutzt werden. Im Bedarfsfall konnte man es aber schnell in einen Truppentransporter verwandeln. So wurde eine ganze Reihe militärischer Spezifikationen ins Projekt aufgenommen. Sie entsprachen ziemlich genau den Anforderungen, die Gibbs selbst an die Sicherheit stellte, insbesondere was das Brandrisiko anbelangte. So kam es, dass an Bord der *United States* nur noch die Pianos aus Holz waren.

Bei einem wichtigen Punkt musste Gibbs allerdings den Rückzug antreten. Er hatte gehofft, den größten Liner der Welt zu bauen, und nun verfügte er auch über genügend Geld, um ihn zu realisieren. Aber die Navy, die das Schiff im Atlantik wie im Pazifik einsetzen wollte, verfügte,

Das Kind von William Francis Gibbs, die United States, *hier direkt nach dem Stapellauf am 23. Juni 1951 (oben). Der schmale Rumpf erlaubte eine hohe Geschwindigkeit (rechte Seite).*

Juli 1952: Einige Stunden nach dem ersten Zwischenstopp in Le Havre läuft die neue Trägerin des Blauen Bandes in Southampton ein.

dass es imstande sein müsse, die Schleusen des Panamakanals zu passieren. Mit einer Länge von 301 m und einer begrenzten Breite von 31 m blieb die *United States* somit kleiner als die beiden Queens und die *Normandie*, selbst wenn sie wie diese Vorgängerinnen 2000 Passagiere in drei Klassen aufnehmen konnte.

In technischer Hinsicht stellte das Meisterwerk von William Francis Gibbs im Vergleich zu den großen Vorkriegsdampfern einen erheblichen Fortschritt dar. Der Rumpf war zu einem großen Teil verschweißt, die Aufbauten aus Aluminium. Der Antrieb war ähnlich wie bei den Flugzeugträgern der Forrestal-Klasse. Die *United States* leistete mindestens 240 000 PS – die Hälfte mehr als die *Normandie* bei einem deutlich geringeren Rauminhalt.

Die gesamte Inneneinrichtung der 674 Kabinen, 20 Suiten und 26 Gemeinschaftsräume übernahm Dorothy Marckwald. Sie schuf trotz mancher Einschränkungen, etwa was die Entflammbarkeit und das Gewicht der verwendeten Materialien anbelangte, ein bemerkenswertes Ensemble. Die große Skulptur im Speisesaal der ersten Klasse mit dem Titel »Expression of Freedom« beispielsweise wurde in Glasfasern ausgeführt.

Wegen der systematischen Verwendung neuer Werkstoffe, wegen der in Serie hergestellten Metallmöbel und der lebhaften Farben, die gelegentlich nicht zusammenpassten, wurde die *United States* mit einer gewissen Herablassung betrachtet, besonders von der French Line, die in ihr nur ein verkleidetes Kriegsschiff sehen wollte. Das neue Schiff verfügte nicht über die großen Volumina und die Ausblicke, die ein Kennzeichen der Vorkriegszeit gewesen waren. Aber es bot seinen Passagieren einen modernen Komfort, ohne vergleichbar zu sein mit den alten Schiffen. Überall an Bord gab es beispielsweise Klimaanlagen.

Die Inneneinrichtung von Dorothy Marckwald blieb lange Zeit erhalten, wurde dann aber definitiv zerstört, als man das Schiff in den 1990er-Jahren vom verbauten Asbest befreite. Heute gilt sie als ebenso typisch für das Amerika der 1950er-Jahre wie es die Ausstattung der *Normandie* für das Frankreich der 1930er-Jahre gewesen war.

Der Bau der *United States* erfolgte in einem Trockendock. Das Schiff wurde durch Aufschwimmen im Trockendock zu Wasser gelassen. Margaret Truman, die Tochter des amerikanischen Präsidenten, taufte das Schiff am 23. Juni 1951. Nach Versuchsfahrten, die die außergewöhnlichen Eigenschaften des Schiffes aufzeigten, verließ die *United States* am 3. Juli 1952 New York zu ihrer Jungfernreise. Zum letzten Mal machte sich ein großer Tranatlantikliner auf zur Eroberung des Blauen Bandes. Am frühen Morgen des 7. Juli passierte die *United States* den Leuchtturm Bishop Rock nach einer Rekordüberfahrt von 3 Tagen und 10 Stunden. Das ergab eine mittlere Geschwindigkeit von 35,59 Knoten und eine Zeitersparnis von zwölf Stunden im Vergleich zur schnellsten Atlantiküberquerung durch die *Queen Mary* 1938. Das war die größte in der Statistik jemals registrierte Einsparung.

Die *United States* begann ihre Karriere zu einer Zeit, als die Zahl der Passagiere auf der Atlantikroute zwischen Europa und Amerika nunmehr größer war als in der Zeit vor 1929. Trotz der schnellen parallelen Zunahme des Luftverkehrs registrierten die Reedereien bis zum Ende der 1950er-Jahre ein stetes Wachstum der Passagierzahlen. Der große amerikanische Liner konnte vor allem davon profitieren, dass er ganz neu war. Ein Teil der Kundschaft der beiden Queens lief zur *United States* über, die damit einen brillanten Karriereanfang feierte.

In den 1960er-Jahren verschlechterte sich die wirtschaftliche Lage der großen Transatlantikdampfer langsam, aber unaufhaltsam. William Francis Gibbs wachte dauernd über sein großes Schiff und rief es jeden Tag an, wo auch immer es sich befinden mochte. Der große amerikanische Schiffbauer starb 1967. Zwei Jahre darauf mussten die US Lines den Betrieb eines Schiffes einstellen, das sich noch in perfektem Zustand befand, weil dessen Betrieb zu teuer geworden war.

Die *United States* wurde in einen Ruhezustand versetzt, der bis heute anhält. Der Liner fuhr seit 1969 nicht mehr. Die Norwegian Cruise Line kaufte ihn im Jahre 2003, eine Restaurierung ist aber bisher noch nicht über das Planungsstadium hinausgekommen. Obwohl das Schiff stark mitgenommen ist und über keine Inneneinrichtung mehr verfügt, stellt es zusammen mit der *Rotterdam* den letzten Transatlantikdampfer dar, der noch im Originalzustand erhalten blieb.

Nord- und Südeuropa

Im Laufe der 1950er-Jahre waren die Vereinigten Staaten nicht die einzigen, die neue innovative Dampfer bauen wollten. Nach der erneuten Indienststellung der *Nieuw Amsterdam* (1947) zählte die Holland-Amerika Lijn zu jenen Reedereien, die zu Beginn der 1950er-Jahre sparsame, aber bequeme Schiffe anboten. Sie waren an die neue Kundschaft angepasst, die für die Wiederaufnahme und das Wachstum des Schiffsverkehrs sorgte.

Die knapp über 150 m langen *Ryndam* und *Maasdam*, die mit ihrer einzigen Schiffsschraube gerade 16,5 Knoten erreichten, waren perfekte Beispiele für diese Entwicklung. Die Holland-Amerika Lijn hatte ursprünglich zwei Frachtschiffe konzipiert und in Auftrag gegeben. Nachdem man mit dem Bau der Rümpfe begonnen hatte, änderte man aber die Pläne. Beide Dampfer konnten 900 Passagiere aufnehmen. Sie reisten fast alle in der Touristenklasse und hatten Zugang fast zum ganzen Schiff. Der Erfolg dieser Schiffe bewog die Reederei, sich 1954 die etwas größere und prunkvollere *Statendam* zuzulegen. Dann engagierte sie sich im Bau eines neuen Flaggschiffs, der *Rotterdam*, die 1959 in den Dienst trat.

Die *Rotterdam* war, was die Ausmaße anbelangt, der *Nieuw Amsterdam* ähnlich. Die Geschwindigkeit betrug nicht über 20 Knoten. Dafür war das Schiff im Hinblick auf die Inneneinrichtung bemerkenswert innovativ. Es konnte ohne Schwierigkeit von einer Zweiklassennutzung auf dem Atlantik zu einer Einklassennutzung auf Kreuzfahrten hin- und herwechseln.

Um so weit zu kommen, hatte die Reederei einen sehr hohen Einrichtungsstandard für die Gemeinschaftsräume beider Klassen gewählt.

Schweden und Norwegen verfolgten parallele Ziele und ließen vom Ende der 1940er- bis zum Beginn der 1970er-Jahre eine größere Zahl neuer Liner bauen. Die bekanntesten waren die norwegischen *Sagafjord* und *Vistafjord*. Die Svenska Amerika Linien stellte 1948 ein erstes neues Schiff in Dienst, die *Stockholm*. Der Name sollte an die beiden großen in Italien in Auftrag gegebenen Dampfer erinnern, die nacheinander zerstört wurden. Die *Stockholm* sah aber ihren Vorläuferinnen nicht ähnlich, weil es sich bei ihr um ein Fracht-Passagierschiff mit bescheidenen Ausmaßen handelte. Auf die *Stockholm* folgten weitere sehr schöne Schiffe, zuerst die *Kungsholm* 1953, dann 1956 die *Gripsholm*.

In Europa steckte aber kein Land mehr Geld in die Renovierung und Rekonstruktion seiner Flotte als Italien. Im Krieg hatten die Italiener vier ihrer größten Schiffe eingebüßt, die *Rex* und die *Conte di Savoia*, die *Augustus* und die *Roma*. Unter italienischer Flagge standen nur noch vier Schiffe, die man auf dem Atlantik einsetzen konnte: die *Conte Grande* und die *Conte Biancamano*, die man radikal modernisierte, sowie die bemerkenswerten Dampfer *Vulcania* und *Saturnia* aus den 1920er-Jahren. Man gestaltete sie neu, ohne sie jedoch ganz umzustrukturieren und stellte sie wieder in Dienst.

Das Neubauprogramm begann sehr früh vom Ende der 1940er-Jahre an, und es entstanden

Die bescheidene Stockholm, *die 1948 für die Svenska Amerika Linien gebaut wurde, ging durch ihre Kollision 1956 mit der* Andrea Doria *in die Geschichte ein. Das dramatische Geschehen hinderte die* Stockholm *später nicht an einer langen und einzigartigen Karriere, besonders für die DDR unter dem Namen* Völkerfreundschaft.

Die Andrea Doria *am Kai im Hafen von Genua. Im Hintergrund erkennt man die* Independence *oder die* Constitution, *einen großen Liner der American Export Lines, des Hauptkonkurrenten der Societa di Navigazione Italia. An Bord der* Constitution *traf Grace Kelly im Frühjahr 1956 in Monaco ein, einige Wochen vor dem Untergang der* Andrea Doria.

vier sehr schöne Liner. Zuerst kamen *Giulio Cesare* 1951 und *Augustus* 1952. Sie waren vor allem für Verbindungen nach Südamerika gedacht, wurden im Sommer aber auch regelmäßig auf der Linie nach New York eingesetzt. Aber erst die Indienststellung der *Andrea Doria*, nur wenige Monate nach der Jungfernfahrt der *United States*, bedeutete symbolisch die Wiederauferstehung der italienischen Handelsmarine.

Wie viele ihrer Vorgängerinnen wurde die *Andrea Doria* von der Werft Ansaldo in Genua gebaut. Mit 213 m fiel sie weniger imposant als die *Rex* und die *Conte di Savoia* aus. Trotzdem handelte es sich um ein ehrgeiziges und extrem modernes Schiff. Die Einrichtung für die knapp über 1200 Passagiere in drei Klassen war sehr gepflegt und in einem zeitgenössischen, ziemlich sachlichen Stil gehalten, der Kunstwerken viel Bedeutung beimaß. 1954 folgte das Zwillingsschiff *Cristoforo Colombo*. Doch die *Andrea Doria* behielt in einem gewissen Sinne die Oberhand, weil sie als das Flaggschiff der italienischen Handelsmarine galt.

ANDREA DORIA – DAS LETZTE DRAMA AUF DEM ATLANTIK

Am 25. Juli 1956 war die *Andrea Doria* auf dem Weg nach New York und wurde für den folgenden Tag um 8 Uhr an der Pier 84 erwartet. Das Schiff war praktisch voll belegt, denn an Bord befanden sich 1708 Passagiere und Besatzungsmitglieder. Bei Anbruch der Nacht befand sich der Liner in der Umgebung von Nantucket und fuhr mit knapp als 22 Knoten. Unterwegs traf er auf Nebel, der in dieser Gegend und zu dieser Jahreszeit häufig ist. Kapitän Pietro Calamai machte sich Sorgen um seinen Zeitplan und behielt die Geschwindigkeit bei. Es gab auch keine unmittelbare Gefahr, wie das Radargerät des Liners bestätigte.

Am selben Tag gegen 11 Uhr verließ die kleine *Stockholm* der Svenska Amerika Linien die Pier 97 im Hudson und nahm Kurs auf Europa, wo sie erst Kopenhagen und dann Göteborg anlaufen sollte. Kurze Zeit danach lief auch ein sehr viel größeres und berühmteres Schiff von der Pier 88 aus, die *Ile de France* auf ihrem Weg nach Southampton und Le Havre. Der französische Dampfer war etwas schneller als der schwedische und überholte ihn bald. Gegen 23 Uhr war der Nebel sehr dicht geworden, und der wachhabende Offizier der *Andrea Doria* sah auf dem Radarschirm einen Punkt. Das war die *Stockholm*, die noch ungefähr 15 Seemeilen weit entfernt war; sie fuhr dem italienischen Schiff entgegen. Erste Überprüfungen ergaben, dass die beiden Schiffe in einem respektablen Abstand von drei bis vier Seemeilen aneinander vorbeifahren

Die Cristoforo Colombo *war das Schwesterschiff der* Andrea Doria *und unterschied sich von ihr nur in einigen Details. Hier legt sie am 15. Juli 1954 zur Jungfernreise in Genua ab.*

Die Agonie der Andrea Doria, *fotografiert von der* Ile de France *am Morgen des 26. Juli. Nach einer langen Nacht befand sich fast die Hälfte der Passagiere des italienischen Liners an Bord der* Ile de France. *Sie nahm dann Kurs zurück nach New York.*

würden. Kapitän Calamai gelangte zu der Entscheidung, dass unter den herrschenden Bedingungen die Regeln der Seeschifffahrt nicht galten, die vorschrieben, auf der Backbordseite zu passieren. Während sich die beiden Dampfer mit einer Gesamtgeschwindigkeit von mehr als 40 Knoten näherten, änderte Calamai seinen Kurs leicht nach Backbord, um den Abstand zu erhöhen und um sicher zu sein, dass die *Stockholm* auf der Steuerbordseite passieren würde.

Auf der Brücke der *Stockholm* standen nur zwei Männer: ein junger wachhabender Offizier namens Carstens, knapp über 25 Jahre alt, und der Steuermann. Bei der späteren Untersuchung zeigte es sich, dass er Mühe hatte, den Kurs genau einzuhalten. Im Gegensatz zu Calamai war Carstens überzeugt, dass die Regeln für das Passieren (Backbord an Backbord) für ihn galten. Dieses grundlegende Missverständnis war der Grund, warum die beiden Dampfer miteinander kollidierten. Die *Stockholm*, die außerhalb des Nebels fuhr, änderte den Kurs nach Steuerbord und näherte sich damit unaufhaltsam dem italienischen Schiff. Diese leichte Kursänderung fiel der Mannschaft des italienischen Liners nicht auf. Dies erklärt, warum Carstens die *Andrea Doria* auf der Backbordseite bemerkte, als sie aus dem Nebel kam.

Um 23 Uhr 30 sahen die Offiziere der *Andrea Doria* das grüne Positionslicht der *Stockholm* und

dachten, dass die beiden Schiffe trotz der großen Nähe auf der Backbordseite aneinander vorbeifahren würden. In wenigen Augenblicken änderte sich die Lage: Erst erschien das weiße, dann das rote Positionslicht des schwedischen Dampfers. Er drehte also nach Steuerbord und hielt direkt auf die *Andrea Doria* zu. Im letzten Augenblick drehte das italienische Schiff mit voller Kraft nach Backbord und bot dabei seine Steuerbordseite dem verstärkten, spitzen Bug der *Stockholm*. Sie traf hinter der Brücke auf.

Der Aufprall war äußerst heftig. Die *Stockholm* kam mit zertrümmertem Vorschiff schnell wieder frei, hinterließ in der *Andrea Doria* aber eine riesige, fast 20 m lange Bresche. Unterhalb des Promenadendecks war ein Teil der Luxuskabinen ganz einfach verschwunden. Deren Passagiere gehörten zu den ersten Opfern der Katastrophe. Sehr schnell herrschte an Bord eine kritische Situation. Die starke Schlagseite, seit der ersten Minute fast 20 Grad, machte es unmöglich, Rettungsboote auf der Backbordseite ins Wasser zu lassen.

Die *Ile de France* befand sich ungefähr 40 Meilen weiter östlich und gehörte zu den Schiffen, die den Notruf der *Andrea Doria* auffingen. Zuerst wollten Kapitän Raoul de Baudéan und sein Zweiter Offizier, Christian Pettré, nicht daran glauben, kehrten dann aber um. Ihr Schiff hatte sich seit seiner Rückkehr auf den Atlantik durch mehrere Rettungsaktionen schon die Bezeichnung »Bernhardiner des Atlantiks« verdient, etwa beim Unfall der *Greenville* 1953 unter schwierigen Bedingungen. Diesmal ging es bei absolut ruhiger See um Tausende von Menschenleben auf den beiden kollidierten Linern.

Die *Ile de France* traf mitten in der Nacht am Ort des Geschehens ein. In diesem Augenblick hob sich der Nebel. Die Lage auf der *Stockholm* erschien stabil, und sie drohte nicht mehr unterzugehen. An Bord der *Andrea Doria* war die Situation viel kritischer. Die Schlagseite nach Steuerbord wurde immer schwerer, machte die Evakuierung schwierig und führte vielfach zu Panik. Kapitän de Baudéan ließ seine beiden Schornsteine und die großen Buchstaben »Ile de France« auf dem Sonnendeck anstrahlen. Die Gegenwart des großen französischen Liners ließ wieder Hoffnung aufkeimen. Die Schiffbrüchigen kletterten, einer nach dem anderen, an der Strickleiter herab, um in die Rettungsboote der *Ile de France* zu gelangen. Diese warteten unten in einer gefährlichen Lage, denn es bestand die Möglichkeit, dass die *Andrea Doria* kenterte. In dieser Julinacht des Jahres 1956 wurde eine der letzten Seiten der Legende der Transatlantikschifffahrt geschrieben. Die Besatzung der *Ile de France* leistete mit ihren Rettungsmitteln Vorbildliches und verhinderte, dass die Zahl der Opfer über 50 stieg. Die Toten und Vermissten auf der *Andrea Doria* und der *Stockholm* waren unmittelbar Opfer der Kollision geworden.

Das Steuerhaus der Andrea Doria, *wo ein Teil des Dramas stattfand. Die* Andrea Doria *war für ihre Zeit sehr modern und gut ausgerüstet. Im Vordergrund ist das Radargerät zu sehen.*

Mit einer Länge von 275 Metern waren die beiden letzten italienischen Ozeanriesen, die Michelangelo *und die* Raffaello, *noch größer als die* Rex *und die* Conte di Savoia. *Die* Michelangelo *lief als Erste im September 1962 in Genua vom Stapel, wurde aber erst im Frühjahr 1965 in Dienst gestellt.*

Italienischer Schiffbau vom Besten: *Die* Leonardo da Vinci *wurde 1956 als Ersatz für die* Andrea Doria *in Auftrag gegeben; Stapellauf Dezember 1958 (rechts).*
Die Raffaello *wurde in Triest gebaut und war identisch mit der* Michelangelo*; Stapellauf März 1963. Die beiden Schiffe unterschieden sich nur durch ihre Inneneinrichtung (oben).*

Am Morgen danach, kurz bevor die *Andrea Doria* sank, nahm die *Ile de France* Kurs auf die amerikanische Küste, um dort die 750 Schiffbrüchigen, die sie aufgenommen hatte, in Sicherheit zu bringen. Schon zweimal hatte sie in New York einen triumphalen Empfang erlebt, 1927 und 1949. Auch diesmal wurde sie erwartet und mit ihren Passagieren gebührend gefeiert.

Die Untersuchungskommission bezeichnete niemanden als Schuldigen. Sie empfahl aber eine bessere Schulung am Radargerät. Die italienische Reederei, der die *Andrea Doria* gehört hatte, bestellte sofort ein neues Schiff, das *Leonardo da Vinci* getauft wurde. Es wurde etwas größer als die *Andrea Doria* und galt als Leistungsnachweis der italienischen Werften, denn damals wurden auch andere bemerkenswerte Schiffe fertiggestellt, etwa die *Oceanic* der Home Line und die *Eugenio C* der Reederei Costa. Es wurden auch noch zwei Riesenschiffe für den Verkehr Italien–New York gebaut, die *Michelangelo* und die *Raffaello*. Sie waren, was Größe und Geschwindigkeit anbelangt, der *Rex* und der *Conte di Savoia* ähnlich und nahmen 1965 im Abstand von wenigen Wochen den Dienst auf. Diese prächtigen Schiffe wurden nur rund zehn Jahre genutzt. Obwohl sie mehrere Swimmingpools im Freien und große Decksflächen besaßen, eigneten sie sich nur wenig als Kreuzfahrtschiffe, weil sie eine Einteilung in drei Klassen und zu wenig Außenkabinen besaßen. Nachdem man sie ausgeschlachtet hatte, wurden sie 1977 an den Iran verkauft, dienten als Kasernen und erlebten ein klägliches Ende.

Die Michelangelo *liegt am Kai, während die* Raffaello *Ende Juli 1965 gerade zu ihrer Jungfernfahrt aufbricht. Nach diesem ruhmreichen Augenblick erwies sich die Nutzung der beiden Riesenschiffe als anhaltend defizitär. Sie fuhren nur zehn Jahre.*

Die France *im Bau 1959 an der-selben Stelle, wo auch 30 Jahre zuvor die* Normandie *entstanden war (ganz oben).
Die Montage der letzten Rumpf-elemente (oben).
Der Stapellauf erfolgte am 11. Mai 1959 (rechte Seite).*

ENDLICH: DIE *FRANCE*

Am 25. Juli 1956, nur wenige Stunden bevor die *Ile de France* umkehren und der *Andrea Doria* zu Hilfe eilen sollte, hatte die French Line einen neuen Transatlantikliner in Auftrag gegeben. Das Schiff sollte derselben Kategorie wie die *United States* und die beiden Queens angehören und die Präsenz der Compagnie Générale Transatlantique auf der nun fast 100 Jahre alten Strecke Le Havre–New York für lange Zeit garantieren.

Das Projekt hatte eine lange Vorlaufzeit. Die ersten Anfänge reichten bis zur *Bretagne* von 1939 zurück, das Schwesterschiff der *Normandie*, die wegen des Krieges nie gebaut wurde. Während des Krieges hatte man die Studien dazu weiter verfolgt. Doch nach dem Ende des Konflikts hatten die finanziellen und industriellen Ressourcen nicht ausgereicht, um sofort mit dem Bau eines schnellen großen Dampfers zu beginnen. Im Jahre 1945, noch ohne *Normandie*, stellte man sich ernsthaft und ganz plötzlich die Frage, wie es um das Überleben der französischen Flagge auf dem Nordatlantik bestellt sei.

Mit der Restaurierung der *De Grasse* von 1946 an, mit der *Ile de France*, die für 1947 vorge-sehen war, und mit der Rückkehr der *Europa* nach Frankreich, die in *Liberté* umbenannt wurde, konnte man nun trotz allem unter akzeptablen Bedingungen die Verbindung mit New York aufrechterhalten. Wirtschaftlich gesehen stand dabei einiges auf dem Spiel, denn die Transat hatte vor 1939 die Hälfte ihres Umsatzes auf der Strecke Le Havre–New York gemacht. Nur mit ihr konnte die Gesellschaft ihre Vitalität und ihre Vorrangstellung beibehalten.

Allerdings wusste jedermann, dass die Lebensdauer der drei Schiffe, die zwischen 1924 und 1930 ihren Dienst aufgenommen hatten, begrenzt war und dass man früher oder später zu

einer Entscheidung kommen musste. Von 1952 an ersetzte die kleine *Flandre* die *De Grasse*. Das war kurz bevor man mit den ersten ernsthaften Studien begann, die schließlich zur *France* führten. Aber zwischen 1952 und 1956 verlor man viel Zeit.

Man fasste mehrere Lösungen ins Auge: den Bau zweier mittelgroßer Schiffe wie der *Andrea Doria* und der *Cristoforo Colombo*; den Bau eines großen langsamen Schiffes (24 Knoten); den Bau eines großen schnellen Schiffes. Bei dieser Lösung blieb man schließlich. Es gab zahlreiche Meinungsäußerungen des Parlaments, der Regierung, der Reederei, dann neue Aufschübe, selbst noch nach der Auftragsvergabe, sodass die Kiellegung erst im Oktober 1957 erfolgen konnte.

Als die *France* zum Ende des Jahres 1961 endlich fertiggestellt war, erschien sie als ein prächtiges Schiff. Auf technischer Ebene hatte man alle Probleme hervorragend gemeistert. Der schwarze lange, vorne scharfe Rumpf erinnerte daran, dass die *France* die Erbin einer langen, prestigeträchtigen Linie war, der vor allem die *Normandie* angehört hatte. Aber der neue Liner profitierte auch von Neuentwicklungen: Er war ebenso schnell, aber sparsamer, besaß Stabilisatoren und erzeugte sein eigenes Süßwasser.

Im Inneren war alles neu: Obwohl an der Gestaltung einige berühmte Namen mitwirkten, die seit der *Ile de France* den Ruf der Liner der French Line begründet hatten, ähnelte die *France* eher der *United States* als der *Normandie*. Die Reederei hatte das Hauptaugenmerk auf den Komfort in den Kabinen gelegt sowie auf architektonische und dekorative Heldentaten ver-

Die France *auf hoher See. Blick auf das Kielwasser des Transatlantikliners von einem Promenadendeck der Touristenklasse (oben). Schlepper bugsieren die* France *direkt nach ihrem Stapellauf in das riesige Trockendock Forme Joubert in Saint-Nazaire (linke Seite).*

Der Speisesaal erster Klasse an Bord der France. *Ein Gastrokritiker nannte ihn einmal »das beste Restaurant der Welt«. Auch wenn die French Line die öffentlichen Räume mit erheblicher Sorgfalt gestaltete, waren große Volumina und hohe Decken auf der* France *nunmehr selten.*

zichtet. Die großen Räume präsentierten sich diskret und in der Touristenklasse fast nüchtern. Der Tapisserie wurde noch Platz eingeräumt, aber das Holz musste dem Metall weichen, auch bei den Möbeln.

Die *France* sah modern aus, aber wirtschaftlich gesehen war das Schiff bei seiner ersten Atlantiküberquerung im Februar 1962 schon veraltet. Das war fast zehn Jahre nach den ersten Studien und zu einem Zeitpunkt, als das Flugzeug definitiv die Oberhand gewann. Der prächtige Dampfer hatte zu 80 Prozent Kabinen der Touristenklasse, kein Schwimmbad im Freien und war teuer im Betrieb. Trotzdem machte er während der ersten Jahre seiner Karriere eine gute Figur und trug zum Glanz der Flagge mit der roten Weltkugel der French Line bei.

Von 1966/67 an begannen die Kreuzfahrten den regelmäßigen Linienbetrieb zwischen Le Havre und New York zu ersetzen. Die *France* konnte sich auf diesem neuen Markt etablieren, obwohl sie dafür gar nicht konzipiert war. Wegen ihrer Ausmaße konnte sie jedoch viele Häfen nicht anlaufen, und auch der Panamakanal blieb ihr verschlossen.

Es war also kein leichtes Unterfangen, einen Reiseplan aufzustellen. Trotz ihres Prestiges und trotz der hohen Qualität der ersten Klasse blieb dem Dampfer vom Ende der 1960er-Jahre an nur noch eine Gnadenfrist.

Die France fuhr mit einer sehr französischen Tradition fort, indem sie ihren Passagieren Luxus- und Superluxus- apartments anbot. Als die schönsten galten »Ile de France« und »Normandie« auf dem Oberdeck. Oben ein Raum im Apartment »Normandie«, unten der Musiksalon »Debussy«, vor dem Promenadendeck der ersten Klasse gelegen.

Die France erscheint aus dem New Yorker Nebel und legt an der Pier 88 an (oben).
Die France sticht für die Rückfahrt ihrer Jungfernreise im Februar 1962 in See. Der erste Halt des Schiffes in New York sollte auf den 20. Jahrestag der Zerstörung der Normandie fallen (rechts).
Die France und Le Havre auf einem Werbeplakat. Beide verband eine leidenschaftliche und am Ende schmerzhafte Geschichte (rechte Seite).

CUNARD: Q3 UND Q4

Die *Queen Mary* wurde im Frühjahr 1961 25 Jahre alt, wenige Monate vor der Indienststellung der *France*. Das Schiff der Cunard Line war seit 1936 fast ohne Unterbrechung gefahren, und die 15 Jahre, die auf den Zweiten Weltkrieg folgten, waren für die Queens und ihre britische Reederei besonders ertragreich gewesen. Als die *Queen Mary* und die *Queen Elizabeth* langsam zu altern anfingen, wurde ihr Betrieb auch defizitär.

Die Cunard Line hatte auf eine gewisse Weise diese Schwierigkeiten kommen sehen. Die Geschäftsführung spürte die Bedrohung, die 1959 von der Inbetriebnahme der *Rotterdam* und von den noch nicht fertiggestellten Linern *Leonardo da Vinci* und *France* ausging und hatte von 1960 an die britische Regierung aufgefordert, sich mit dem Problem des Ersatzes der beiden Queens zu beschäftigen. Man forderte eine Subvention von vielen Millionen britischen Pfund, um zwei neue Schiffe auf Kiel legen zu können.

Die Regierung setzte eine Kommission ein, die in ihrer Schlussexpertise den Bau eines einzigen Schiffes empfahl – eines großen Transatlantikliners traditioneller Ausrichtung nach dem Vorbild der *France*. Das Projekt erhielt den Codenamen Q3, »dritte Queen«. Mit einer Größe zwischen 75 000 und 80 000 BRT (*France* mit 67 000 BRT) war eine Kapazität von rund 2200 Passagieren in drei Klassen (bei der *France* 2000 Passagiere in nur zwei Klassen) vorgesehen. Als Antrieb stellte man sich vier von Dampfturbinen angetriebene Schrauben vor.

Im März 1961 zeigten die ersten Zeichnungen eine sehr traditionelle Silhouette mit einem enormen zentralen Schornstein und teilweise offenen Promenadendecks, in einem gewissen Sinn ähnlich wie bei der *Titanic* oder der *Imperator* 50 Jahre zuvor. Zur gleichen Zeit bat die Cunard Line die großen Werften des Königreichs um Kostenvoranschläge. Das beste Angebot kam nicht von John Brown, sondern von einem Konsortium bestehend aus Swan Hunter und Vickers Armstrong. Die Reederei ließ die Pläne überarbeiten, sodass das Schiff bald sehr viel

Die Queen Elizabeth 2 *im Bau. Oben Schleifarbeiten an der Schiffsschraube, auf der linken Seite die Montage des Ruders. Das ultramoderne Schiff wurde mit traditionellen Verfahren gebaut.*

Die Queen Elizabeth 2 *einige Tage vor ihrem Stapellauf auf der Helling, wo auch die* Aquitania *und die beiden anderen Queens entstanden waren. Wie ihre Vorgängerin sollte das neue Schiff* Queen Elizabeth *heißen. Bei der Taufe kam die »2« durch einen Lapsus der Königin hinzu. Die Geschichte erzürnte die Schotten, und in den darauffolgenden Tagen war die Cunard Line damit beschäftigt zu erklären, dass ihr Schiff nicht den Namen dieser Königin trug, sondern der zweite Liner mit dem Namen* Queen Elizabeth *war (vorhergehende Doppelseite).*

Die Queen Elizabeth 2 *unmittelbar nach ihrem Stapellauf am 20. September 1962. Das Bild zeigt, wie wenig Platz für den Stapellauf der Clyde bot (folgende Doppelseite).*

moderne Formen annahm, obwohl die grundlegenden Merkmale dieselben blieben. Alles war bereit für die Auftragserteilung. Im Oktober 1961 stoppte aber die Geschäftsführung der Cunard Line das Projekt Q3 und bot dem Unternehmen damit eine Überlebenschance, denn das Aussterben der Transatlantiklinien war damals schon vorprogrammiert.

Die 1960er-Jahre waren schrecklich für die Cunard Line – ganz im Gegensatz zu den 1950er-Jahren. Die *Queen Mary* und die *Queen Elizabeth* fuhren immer größere Verluste ein, ebenso die *Mauretania*, und die *Caronia* sollte ihnen bald nachfolgen. Die Modernisierungen, denen man die vier Liner nacheinander unterwarf, halfen nichts. Zwischen 1954 und 1957 hatte die Cunard Line übrigens vier neue Dampfer auf der Linie Liverpool–Sankt Lawrence-Strom in Dienst gestellt. Auch da begann die Reederei nun Geld zu verlieren.

Diese dramatische Lage führte schließlich zu einer größeren Umstrukturierung und zu einer erheblichen Verkleinerung des Unternehmens. Sie hinderte die Reederei aber nicht daran, den Plan, einen großen neuen Liner zu bauen, wieder aufzunehmen. So folgte auf die Q3 die Q4. Die Untersuchungen zum Projekt Q3 hatten gezeigt, dass es der technische Fortschritt nun erlaubte, ein etwas kleineres, gleichzeitig vielseitigeres und sparsameres Schiff zu bauen, als es ein herkömmlicher Transatlatikliner war. Die neue *Oriana*, die Ende 1960 in Dienst gestellt wurde, besaß einen kompakten Antrieb mit nur zwei Schrauben, der eine Dienstgeschwindigkeit von 27 Knoten erlaubte. Sie nahm in gewisser Hinsicht das Projekt Q4 vorweg.

Die Cunard Line gab am 30. Dezember 1964 den Auftrag an John Brown. Später wurde aus der Q4 die *Queen Elizabeth 2*. Der neue Cunarder wurde so konzipiert, dass er als Kreuzfahrtschiff wie als Transatlantikliner dienen konnte. Mit 294 Metern Länge und einer Breite von 32 Metern konnte er zum Beispiel den Panamakanal befahren – was der *France* auf ihren Weltreisen versagt blieb. Mit 28 Knoten war die *Queen Elizabeth 2* wie ihre Vorgängerinnen in der Lage, den Atlantik in fünf Tagen zu überqueren. Bei der Inneneinrichtung entschied sich die Cunard Line

Der große Salon an Bord der Queen Elizabeth 2 *erhielt die Bezeichnung »Queen's Room«, hier mit dem ursprünglichen Mobiliar, entworfen von Michael Inchbald. Das Ensemble zeigt keinerlei Ähnlichkeit mehr mit den großen Salons der ersten Klasse auf den alten Queens (siehe Seite 106).*

zu einem radikalen Bruch mit der eigenen Geschichte und zu einem entschieden zeitgenössischen Design. Es wurde Dennis Lennon anvertraut. Die Inneneinrichtung fiel schließlich mutiger und homogener aus als an Bord der *France*. Es war vorgesehen, dass die Passagiere fast zu allen Bereichen des Schiffes freien Zugang hatten. Abgesehen von einigen reservierten Räumen bestand die einzige spürbare Trennwand zwischen den Passagieren der ersten und der zweiten Klasse in getrennten Speisesälen.

Das Ende einer Welt: 1967–1976

Die *Queen Elizabeth 2* sollte im Frühjahr 1969 ihren Dienst aufnehmen. Am 8. Mai 1967 erhielt der Kommandant an Bord der *Queen Mary*, William Laws, die Anweisung, einen versiegelten Umschlag zu öffnen. In diesem Brief wurde ihm mitgeteilt, dass die *Queen Mary* am Ende der laufenden Saison ausgemustert würde. Am 22. September 1967 mittags lief sie von New York zu ihrer 1001. und letzten Atlantiküberquerung aus. Der Liner wurde an die Stadt Long Beach verkauft, wo er sich heute noch befindet.

Im Jahre 1965 hatte die Cunard Line viel Geld in die Modernisierung der *Queen Elizabeth* gesteckt in der Hoffnung, sie noch mindestens zehn weitere Jahre nutzen zu können, zusammen mit der künftigen Q4. Aber die wirtschaftlichen Rahmenbedingungen und die Verluste der Cunard Line erlaubten keine weitere Nutzung des Liners mehr. Die *Queen Elizabeth* folgte mit einem Jahr Abstand der *Queen Mary*. Am 8. Dezember 1968 endete ihre letzte Reise. Der Versuch, das Schiff in Port Everglades in Florida zu erhalten, misslang. Man verkaufte das Schiff an den Reeder C. Y. Tung. Bei Umbauarbeiten zu einer schwimmenden Universität brach am 9. Januar 1969 im Hafen von Hongkong ein Feuer aus, durch das sie zerstört wurde.

Im November 1969, ein Jahr nach der *Queen Elizabeth*, wurde auch die *United States* nach ihrer 400. Atlantiküberquerung stillgelegt, obwohl man bis zum Frühling des folgenden Jahres

Die Queen Elizabeth 2 *wurde in einer Zeit großer Unsicherheit in Dienst gestellt, erlebte dann aber von Mai 1969 an eine große Karriere bei der Cunard Line. Sie diente längere Zeit als jeder andere Liner der Reederei, eingeschlossen die* Aquitania.

schon mehrere Kreuzfahrten mit ihr verkauft hatte. Eine davon sollte, ausgehend von New York, in den Pazifik führen, mit Zwischenstopps in Japan und Australien. Stattdessen blieb das Schiff, das immerhin das Blaue Band innehatte, in Norfolk in Virginia liegen und wurde lange Jahre in dem Zustand gehalten, in dem es sich bei seiner letzten Atlantiküberquerung befand. Im Winter 1970 fuhr zum ersten Mal seit 1840 kein Dampfer mehr regelmäßig auf der Atlantiklinie zwischen der Alten und der Neuen Welt. Im Jahre 1984 wurde die *United States* völlig entkernt und sollte zu einem Kreuzfahrtschiff umgebaut werden. Man verkaufte ihre gesamte Ausrüstung einschließlich des Mobiliars auf Auktionen. Das Vorhaben einer Umwandlung gab man schließlich wieder auf. Das galt auch für eine angekündigte Restaurierung in den 1980er-Jahren. Dazu hatte man die *United States* sogar ins Schwarze Meer geschleppt, um sie von Asbest zu befreien. Auf den Ankauf des Liners durch NCL America im Jahre 2003 folgte keinerlei weitere Instandsetzung.

Nach den US Lines gab auch die Holland-Amerika Lijn ihrerseits den Nordatlantik auf. Die *Nieuw Amsterdam* war nun die einzige Überlebende der großen Dampfergeneration der 1930er-Jahre. Im September 1971 führte sie die letzte reguläre Atlantiküberquerung unter der Flagge ihrer Reederei durch. Das Schiff befand sich noch in einem sehr guten Zustand, und die Holland-Amerika Lijn entschloss sich, es für Kreuzfahrten zu nutzen. Ende 1973 führte der erste Ölschock jedoch dazu, dass dieses außergewöhnliche, aber im Betrieb kostspielige Schiff zum Schrottwert verkauft wurde.

Vom Herbst 1973 an ruinierte die dramatische Ölpreiserhöhung auch die Betriebskostenrechnung der *France*. Die französische Regierung entschied 1974, die Subvention für den Betrieb des großen Dampfers der French Line zu streichen. Noch viel schlimmer als diese politische Entscheidung wirkten sich die Verschlechterung des Betriebsklimas innerhalb der Mannschaft und das Fehlen eines Konzepts für eine Modernisierung und eine spätere Nutzung aus.

Die Transat hatte ihren Kunden eine Reihe prestigeträchtiger Kreuzfahrten angeboten, bevor die *France* endgültig Ende 1974 in den Ruhestand gehen sollte. Das Ende kam aber viel schneller: Am 11. September meuterte ein Teil der Mannschaft und bemächtigte sich des Schiffs, das sich auf der Rückreise von New York gerade im Ärmelkanal befand. Die *France* wurde mehrere Wochen lang besetzt gehalten, stach aber unter französischer Flagge nie wieder in See.

Im Jahre 1975 verschwanden auch die *Michelangelo* und die *Raffaello*. Im Juni 1976 fuhr die *Leonardo da Vinci* als letztes italienisches Schiff auf der Strecke Genua–New York. Zur gleichen Zeit wurden auch die letzten regelmäßigen Schiffsverbindungen zwischen Europa und Südamerika bzw. Australien eingestellt. Auf dem Nordatlantik blieb als einzige die *Queen Elizabeth 2* übrig.

Die France *sollte Ende 1974 nach einer Reihe von Abschiedsreisen außer Dienst gestellt werden. Aber durch die Meuterei eines Teils der Besatzung auf einer Rückreise von New York kam die wirtschaftliche Nutzung des Liners zu einem schnellen und definitiven Ende.*

French Line

LAST TIME

IN NEW YORK
29 NOVEMBRE 1974

Übergang und Neubeginn
1976–2004

ÜBERGANG UND NEUBEGINN 1976–2004

In ungefähr einem Vierteljahrhundert entstand die Kreuzfahrtindustrie als wichtiger Wirtschaftszweig. Ihre Entwicklung ist noch längst nicht abgeschlossen, wenn man die Zahl der Kreuzfahrtschiffe betrachtet, die zurzeit weltweit in Werften gebaut werden. Der Übergang von den traditionellen Reedereien zu Unternehmen, die Ferien auf See verkaufen, verlief zwar schnell, geschah aber nicht von einem Tag auf den anderen.

Die ersten Kreuzfahrtschiffe wurden zu Beginn des 20. Jahrhunderts gebaut. Die Kreuzfahrt war damals eine für kleine Gruppen privilegierter Menschen reservierte Art, die Welt kennenzulernen. Zwischen den beiden Weltkriegen und besonders in den 1930er-Jahren nahm die Kreuzfahrt unterschiedliche Formen an: Neben längeren Kreuzfahrten für wirklich betuchte Kunden entstanden auch kurzfristige Kreuzfahrten von zwei bis drei Tagen Dauer. Man konnte auf diese Weise für wenige Dollar eine Schiffsreise buchen, die eigentlich nirgendwohin führte und die nur dazu da war, um das Leben auf dem Schiff kennenzulernen.

Noch vor dem Zweiten Weltkrieg wurde einige Liner dauernd für den Betrieb als Kreuzfahrtschiffe umgerüstet. In den Jahren 1938 und 1939 stellte die nationalsozialistische Organisation »Kraft durch Freude« zwei große Dampfer in Dienst, die *Wilhelm Gustloff* und die *Robert Ley*. Trotz ihrer sehr kurzen Karriere dienten beide Schiffe als Vorbilder für das spätere moderne Kreuzfahrtschiff: mittlere Motorleistung und geringer Platzbedarf für die Antriebsmaschine, eine einzige Klasse (und gegebenenfalls ein einziger Kabinentyp) und sorgfältig

Die Empress of Canada, *hier im St. Lorenz-Strom, wurde für die Verbindung zwischen Montreal und Europa gebaut. Schließlich kam sie als erstes Schiff zu Carnival Cruises (oben links).*
Auf manchen Kreuzfahrtschiffen sind die Freizeitanlagen so sehr weiterentwickelt, dass das Schiff das Hauptziel des angebotenen Produkts darstellt (oben rechts).
Die Queen Elizabeth 2 *im Hudson. Unter den Schornsteinen erkennt man die Kabinen mit Balkon, die zu Beginn der 1970er-Jahre hinzugefügt wurden. Sie gehörten zum ersten großen Umbau des Schiffes (linke Seite).*

eingerichtete Gemeinschaftsräume. Diese Tendenzen finden sich bei vielen Dampfern der Nachkriegszeit wieder, zum Beispiel bei den Schiffen der Svenska Amerika Linien. Die Reederei nutzte sie sowohl als Linien- wie als Kreuzfahrtschiffe. Von den 1960er- und den 1970er-Jahren an ging die Entwicklung der Kreuzfahrt mit einer fortschreitenden Demokratisierung einher. Es entstanden neue Reedereien wie die Norwegian Caribbean Line (NCL) in der Mitte der 1960er-Jahre oder Carnival Cruises zu Ende der 1970er-Jahre. Niemand konnte damals voraussagen, welchen Aufschwung eines Tages gerade diese Reederei nehmen würde. Sie bot ein Produkt hoher Qualität an, das dem heutigen eher entspannten Leben am besten angepasst war und sich meilenweit von der traditionellen elitären Kreuzfahrt entfernt hatte.

Viele dieser neuen Unternehmen begannen ihre Aktivität mit Schiffen zweiter Hand, die sie neu einrichten ließen. In den meisten Fällen handelte es sich um ältere Liner und damit um Schiffe hoher Qualität in ausgezeichnetem Zustand. Sie standen sofort und auch zu einem sehr günstigen Preis zur Verfügung. Er betrug nur einen Bruchteil der Summe, den man hätte aufwenden müssen, um ein ganz neues Schiff zu erwerben.

Der erste Dampfer der Carnival Cruises war die alte *Empress of Canada*; sie wurde 1975 in Dienst gestellt und benötigte nur wenige Ausbauarbeiten. Die wichtigsten Arbeiten nahm man später Schritt für Schritt auf See vor, indem man immer wieder gewisse Bereiche des Schiffes schloss. 1978 kauften die Carnival Cruises die frühere *Transvaal Castle* und besaßen damals schon genügend Geld, um das Schiff von Mitsubishi in Japan umbauen zu lassen.

Es gab in diesen fast heroischen Zeiten viele Rückschläge und ebenso viele große Erfolge. Bald sah man aber neue Schiffe, die auch immer größer wurden, um die Kosten pro Einheit zu verringern. Dann folgte eine Phase der Konsolidierung, die dazu führte, dass eine große Zahl von Marken bestand, die heute nur noch wenigen großen Akteuren gehören. Die Kreuzfahrtindustrie ist heute ein lukratives Geschäft, das einige große Gruppen unter sich aufteilen. Die Passagiere der Liner waren früher im Wesentlichen Reisende, heute sind sie zu Ferienreisenden geworden. Das Schiff wurde dabei zu einem entscheidenden Bestandteil des angebotenen Produkts. So sind diese neuen Ozeanriesen nicht mehr weit davon entfernt, selbst das Reiseziel zu sein.

Le Havre liegt nicht weit von Paris entfernt und bietet in seiner Umgebung zahlreiche touristische Attraktionen wie Deauville, den Mont Saint Michel und jene Strände, auf denen die Invasion stattfand. Die Stadt wird wieder zum Ziel großer Passagierschiffe. Im Jahre 2007 legten ungefähr 20 Ozeanriesen an, darunter die Queen Mary 2. *Im Bild verlässt die* Queen Elizabeth 2 *gerade den Hafen.*

Im Laufe der Jahre haben die Räumlichkeiten der Queen Elizabeth 2 zahlreiche Umwandlungen mitgemacht. Links die Empfangshalle heute. Ihre Farbpalette hat sich sehr weit von den ursprünglichen Vorstellungen der Innenarchitekten entfernt. Das Piano stammt aus einer der alten Queens und wurde erst vor ein paar Jahren hier aufgestellt.

Das überdachte Schwimmbad im siebten Deck wurde beibehalten. Die dazugehörenden Einrichtungen, vor allem der Fitnessraum, wurden aber tief greifend verändert (oben).

Die *QE2* und die *France*

In dieser Zeit voller Veränderungen spielten seit der Mitte der 1970er-Jahre zwei außergewöhnliche Schiffe eine einzigartige und paradoxe Rolle: die *Queen Elizabeth 2* und die *France*, die später in *Norway* umgetauft wurde.

Die *Queen Elizabeth 2* war unter jedem Gesichtspunkt ein innovatives Schiff. Sie verkörperte im Laufe ihrer sehr langen Karriere die Aufrechterhaltung einer prestigeträchtigen Tradition. Im Jahre 2005, nach 36 Jahren Dienst unter der Flagge der Cunard Line, schlug sie den Rekord an Langlebigkeit, den zuvor die alte *Aquitania* innegehabt hatte. Sie hatte sehr viel mehr Meilen zurückgelegt und sehr viel mehr Passagiere transportiert als die *Queen Mary* und die *Queen Elizabeth* zusammen. Wahrscheinlich wird in absehbarer Zeit kein Schiff die Rekorde der *Queen Elizabeth 2* im Hinblick auf die Passagierzahlen und die zurückgelegten Meilen erreichen. Sie ist nunmehr verkauft worden und hat die Flotte Ende 2008 verlassen.

Im Laufe der Zeit, allerdings bereits nach den ersten Betriebsjahren, erfuhr die *Queen Elizabeth 2* zahlreiche Veränderungen, etwa den Anbau von Luxuskabinen und -suiten auf den obersten Decks oder 1986 bis 1987 den Austausch der Gasturbinen gegen einen dieselelektrischen Antrieb. Damit veränderte sich das Schiff nach und nach, sodass schließlich die von James Gardner entworfene Silhouette zu schwer erschien. Das galt auch für die Inneneinrichtung von Dennis Lennon. Immerhin bewirkten die Neuerungen, dass das Schiff auf wirt-

Dieses Bild gehört der Vergangenheit an, nicht nur weil die Twin Towers beim Attentat vom 11. September 2001 verschwanden, sondern auch weil die Carnival-Gruppe ihre New Yorker Aktivitäten von den Piers am Hudson nach Brooklyn verlegt hat.
Im Juni 2007 gab die Cunard Line bekannt, dass sie die Queen Elizabeth 2 *an eine in Dubai beheimatete Gruppe verkauft habe. Sie will vom Jahre 2009 an den Dampfer als schwimmendes Hotel nutzen.*

schaftlicher Ebene wettbewerbsfähig und bei der Kundschaft beliebt blieb. Die *QE2* blieb ein Vorbild für die gesamte Kreuzfahrtindustrie und wurde zu einem Klassiker – auch nach den Veränderungen am ursprünglichen Konzept ihrer Gestalter.

Die *France* hatte eine weniger lineare, aber nicht weniger bemerkenswerte Karriere als die *QE2* der Cunard Line. Sie wurde Ende 1974 außer Dienst gestellt und war der letzte große traditionell geprägte Transatlantikliner. Unter dem Namen *Norway* entwickelte sie sich zum ersten wirklich großen Kreuzfahrtschiff. Zunächst geriet sie aber in Vergessenheit und lag an einem abgelegenen Kai im Hafen von Le Havre. Die French Line, die nach der Fusion mit den Messageries Maritimes in Compagnie Générale Maritime umbenannt wurde, sorgte mit einer reduzierten Mannschaft dafür, dass das Schiff in gutem Zustand blieb.

Im Oktober 1977 kaufte der saudische Geschäftsmann Akram Ojjeh das Schiff. Er wollte die *France* als eine Art Wanderbotschafterin für die französische Kunst und Industrie einsetzen. Aber sein Projekt stieß auf mannigfache Schwierigkeiten, und Ende 1978 stand das Schiff erneut zum Verkauf. Da bot Knut Utstein Kloster dem Ozeanriesen, der sich seit vier Jahren nicht mehr bewegt hatte, ein neues Leben.

Kloster leitete seit 1966 die Norwegian Caribbean Line (NCL). Die in Miami beheimatete Reederei hatte ihre Aktivität mit bescheidenen Mitteln begonnen. Ihr erstes Schiff, die *Sunward*,

August 1979: die letzten Tage am Kai des Vergessens für die France, *die bereits den neuen Namen* Norway *trägt. Die Bevölkerung von Le Havre kommt ein letztes Mal zum Schiff, bevor es zur deutschen Werft fährt, die den Umbau vornehmen soll.*

war zunächst eine Fähre gewesen, die eine Saison lang zwischen England und Spanien hin- und hergefahren war. Zehn Jahre später besaß die NCL vier Schiffe. Es gab eine große Nachfrage nach Reisen in die Karibik, und Knut Kloster begriff, dass der Markt nun größere Schiffe zuließ. Die Schiffe der NCL hatten bisher eine Kapazität von 500 bis 600 Passagieren.

Mit seinen Mitarbeitern besichtigte Kloster mehrer große stillgelegte Liner, darunter die *United States*. Er kaufte dann für 18 Millionen Dollar die *France* von Akram Ojjeh. Die Umrüstung des Schiffes belief sich auf ungefähr 40 Millionen Dollar, mehr als das Doppelte des Kaufpreises. Das Schiff erlaute es aber der NCL, ihr weltweites Angebot zu verdoppeln, wobei die Investitionen dazu nur halb so viel betrugen, wie man für den Bau eines neuen und nur halb so großen Schiffes hätte aufwenden müssen. Die Voraussetzungen für einen wirtschaftlichen Erfolg waren somit gegeben. Man musste den Ozeanriesen nur so umbauen, dass eine rentable Nutzung möglich wurde. Zu jener Zeit allerdings erschien diese Aufgabe extrem schwierig.

Der Schiffsarchitekt Tage Wandborg erhielt den Auftrag, sich um die technischen Aspekte der Umwandlung zu kümmern. Einer der beiden Maschinenräume wurde geschlossen, die Leistung auf die Hälfte reduziert. Die Kapazität des Liners stieg von 2000 auf 2200 Passagiere, wobei auf dem Sonnendeck und auf dem ehemaligen Promenadendeck der Touristenklasse neue Kabinen geschaffen wurden. Soweit möglich, öffnete man die Kabinen nach außen. Die Decksoberflächen wurden vergrößert, besonders achtern und zwischen den Schornsteinen. Man baute zwei Schwimmbäder im Freien, da die *France* ursprünglich nur über Pools im Inneren verfügte.

An Bord der Norway. *Obwohl der Liner zahlreiche Umwandlungen erfuhr, um ihn auf seine neue Rolle vorzubereiten, blieben die Kabinen und Apartments nahezu unverändert: Hier die ehemalige Superluxussuite »Ile de France«, vom Speisezimmer aus fotografiert.*

Auf dem Sonnendeck trat einer dieser neuen Pools an die Stelle des eigentümlichen provenzalischen Patios. Die Inneneinrichtung wurde dem New Yorker Architekten Angelo Donghia anvertraut. In den 13 Jahren ihrer Karriere unter der Flagge der French Line hatte man die Inneneinrichtung der *France* nicht verändert, nicht einmal Verbesserungen wurden durchgeführt. Nun renovierte man die Kabinen, veränderte sie aber nicht komplett. Das wichtigste Mobiliar, bestehend aus Kommoden und den sehr charakteristischen Frisiertischchen, blieb erhalten. Die Apartments der Luxusklasse und der Superluxusklasse wurden aufgeteilt oder vereinfacht. Die Apartments »Ile der France« und »Normandie« verloren jeweils ein Zimmer, blieben aber sonst weitgehend in der ursprünglichen Form bestehen.

Die Gemeinschaftsräume, die etwas gealtert waren, wurden komplett renoviert. Vor allem musste man ihre Inneneinrichtung vereinheitlichen. Die *France* war ein Schiff mit zwei Klassen gewesen; die *Norway* sollte aber nur eine Klasse haben. Die von allen gemeinsam genutzten Räume wurden nach einem Standard eingerichtet, der dem der ersten Klasse nahekam.

Die *France* verließ am 17. August 1979 Le Havre und fuhr fast fünf Jahre nach der letzten Atlantiküberquerung nach Bremerhaven. Die Umwandlung des Schiffs wurde bei der deutschen Werft Hapag-Lloyd (heute: Lloyd Werft Bremerhaven) in Auftrag gegeben. Im Mai 1980 gab sie die wundervoll wiederhergerichtete *France* dem neuen Reeder zurück. Mit ihrem blauweißen

Anstrich, der sich leicht von dem der anderen Kreuzfahrtschiffe der NCL unterschied, konnte die *Norway* als ganz neues Schiff wiederauferstehen.

Nach einem Besuch in Oslo nahm die *Norway* ihre ersten Passagiere in Southampton auf und unternahm eine Atlantiküberquerung nach New York, bevor der Liner nach Miami, seinem neuen Heimathafen, fuhr. Knut Kloster hatte mit einem Erfolg gerechnet, und dieser stellte sich sofort ein: Die *Norway* dominierte etwa zehn Jahre lang die Kreuzfahrtindustrie. Im Jahre 1990 investierte die NCL erneut in das nunmehr 30 Jahre alte Schiff, um dessen Wettbewerbsfähigkeit wiederherzustellen. So wurde die *Norway* wieder in Bremerhaven mit zwei zusätzlichen Decks oberhalb der Kommandobrücke ausgestattet.

Als Kloster die *France* kaufte, rechnete er mit weiteren 15 Dienstjahren. Doch die Geschichte dieses Schiffes ging fast ein weiteres Vierteljahrhundert weiter. Im Jahre 2003 setzte eine Kesselexplosion der *Norway* ein Ende. Die NCL ließ sie nach Bremerhaven schleppen, wo man sie reparieren wollte. Dort allerdings gab man das Projekt auf, die Maschine wieder instandzusetzen. Man schleppte das Schiff nach Asien, dort wurde es am 15. August 2006 bei Alang in Indien zum Abbruch gestrandet. Die *France* hatte ein zweites Leben geführt. Als einziger unter den außer Dienst gestellten und aufgegebenen großen Atlantikdampfern hatte sie diese Form der Wiederauferstehung erlebt. Nun war sie am Ende einer außergewöhnlichen Karriere angelangt.

Um die ehemalige France *zu einem Kreuzfahrtschiff zu machen und um sie an die ganz andere Lebensweise der neuen Klientel anzupassen, musste man den alten Atlantikliner nach außen hin öffnen. Er erhielt zusätzliche Decksflächen und neue Swimmingpools (ganz oben). Die* Norway *erhielt eine Kommandobrücke mit weitgehend automatisierter Maschinensteuerung, um Personal einzusparen (oben).*

Die neuen Riesen

Die Entwicklung, die durch das Auftreten der *Norway* auf dem Kreuzfahrtmarkt in der Karibik ausgelöst wurde, hatte zahlreiche Folgen. In den 1970er-Jahren erschienen in regelmäßigen Abständen neue Kreuzfahrtschiffe auf den Weltmeeren. Ganz zu Beginn der 1980er-Jahre stellten zwei Gesellschaften, die direkt aus dem Transatlantikgeschäft hervorgegangen waren, drei neue Schiffe in Dienst. Die Hapag-Lloyd trat mit der neuen, bei der Bremer Vulkan AG gebauten *Europa* auf den Plan, die Holland-Amerila Lijn mit den beiden Schwesterschiffen *Nieuw Amsterdam* und *Noordam*, die im französischen Saint-Nazaire entstanden waren. Die neuen Liner hatten einen Rauminhalt von etwas über 30 000 BRT und galten zu ihrer Zeit als die maßgeblichen Schiffe.

Niemand hätte sich damals vorstellen können, dass man kurz vor einem explosionsartigen Wachstum der Kreuzfahrtflotten und der Größe der entsprechenden Schiffe stand. Die *Norway* bewies allen, dass die großen Schiffe dank der Größendegression auch die rentabelsten waren. Im Jahre 1985 gab die Royal Caribbean Cruise Line als Erste den Auftrag für einen Kreuzfahrtriesen, die spätere *Sovereign of the Seas*.

Die RCCL war ähnlich konstruiert wie die NCL, der die *Norway* gehörte. Beiden Gruppen war ein norwegischer Ursprung gemeinsam, und beide hatten sich im Wesentlichen auf dem nordamerikanischen Markt eingerichtet. Zu Beginn der 1980er-Jahre betrieb die RCCL vier Liner, die alle in Finnland gebaut worden waren. Der größte und jüngste, die *Song of America*, war Ende 1982 ausgeliefert worden. Sie hatte 37 000 BRT mit einer Kapazität von 1400 Passagieren. Das entsprach gerade der Hälfte dessen, was sich die RCCL für ihr neues Schiff vorgestellt hatte.

Ein neueres Foto von der Sovereign of the Seas. *Ihre Indienststellung 1987 war ein wichtiger Schritt für die Weiterentwicklung der Royal Caribbean (oben).*
Ein neuer Hafen für die Kreuzfahrtindustrie: Miami ist heute der wichtigste Hafen der Welt, was die Zahl der Passagiere anbelangt, die an Bord oder von Bord gehen (linke Seite).

Anhand der Arcadia *von P&O, hier bei einem Zwischenstopp in Saint Lucia, kann man die Weiterentwicklung seit der* Sovereign of the Seas *gut beurteilen: Die Volumina wurden vergrößert, lassen aber noch eine Durchfahrt durch den Panamakanal zu. Die Rettungsboote liegen nun tiefer, um die Aufbauten frei zu machen und dort Kabinen mit Balkonen anzubringen (vorhergehende Doppelseite). Die* Future Seas *wurde bei der Werft in Saint-Nazaire von der Firma Admiral Cruises in Auftrag gegeben, bevor die RCCL sie übernahm. Bei der Auslieferung 1990 taufte man das Schiff* Nordic Empress; *später wurde es zur* Empress of the Seas *(oben).*

Die RCCL und die finnische Wärtsilä-Werft arbeiteten in der Projektphase eng zusammen. Doch im Jahre 1985 erhielt die Werft in Saint-Nazaire schließlich den Auftrag zum Bau, teils wegen der technischen Qualität der Franzosen, teils weil die Werften bedeutende öffentliche Zuschüsse bekamen und somit günstiger kalkulieren konnten. Insgesamt ging es um ein bedeutendes Auftragsvolumen, denn die RCCL fasste sehr früh den Entschluss, dass auf dieses Schiff zwei weitere identische folgen sollten – nach dem Vorbild der Dreiergruppen unter den Transatlantikdampfern in der Zeit vor 1914.

Nachdem man im Projektstadium schon sehr viel Vorarbeit geleistet hatte, konnte die Realisierung zügig voranschreiten. Vorgesehen war eine Auslieferung des Schiffes 29 Monate nach der Vertragsunterzeichnung, während sich der Bau der *Normandie* und der *France* über mehr als vier Jahre hingezogen hatte. Die *Sovereign of the Seas* wurde im Dezember 1987 der Reederei übergeben. Ihre Silhouette erinnerte an die der früher für die RCCL gebauten Schiffe. Die französischen Schiffbauer hatten ihr Werk aber auch signiert, indem sie sich bei der Gestaltung des Achterschiffs von der *Normandie* ein halbes Jahrhundert zuvor inspirieren ließen.

Trotz einer begrenzten Länge von 268 m erreichte die *Sovereign of the Seas* einen Rauminhalt von 75 000 BRT und stand somit auf halbem Weg zwischen der *France* (67 000 BRT bei der

Indienststellung) und der *Normandie* (83 000 BRT im Jahre 1937). Ihre Kapazität lag aber weit über der ihrer Vorgängerinnen: 2600 Passagiere im Vergleich zu den rund 2000 Passagieren der *France* und den 1850 Passagieren der *Normandie*.

Auf die *Sovereign of the Seas* folgten wie vorgesehen die *Monarch of the Seas* und die *Majesty of the Seas*. Die *Monarch* wurde zu Ende der Bauarbeiten von einem größeren Feuer heimgesucht. Es hatte zur Folge, dass man sie teilweise demontieren und einen bedeutenden Teil der Aufbauten neu errichten musste. Die drei Luxusliner begründeten die starke Expansion der Royal Caribbean, die heute zusammen mit der Carnival Corporation zu den ganz Großen im Kreuzfahrtgeschäft zählt.

Auf die Schiffe der Sovereign-of–the-Seas-Klasse folgten weitere Schiffsreihen. Darunter befanden sich insgesamt sechs Dampfer der Vision-of-the-Seas-Klasse. Zwei davon wurden noch in Saint-Nazaire gebaut. Diese Vision-Schiffe waren etwas weniger groß als die *Sovereign*, deutlich schneller (24 Knoten im Vergleich zu 21 Knoten) und blieben auf 2000 Passagiere beschränkt, die in größeren Kabinen untergebracht wurden. Man hatte die Visions für längere und stärker diversifizierte Kreuzfahrten gebaut als die Sovereigns. Es ging nun nicht mehr nur um die Karibik, sondern zum Beispiel auch um das Mittelmeer oder Alaska.

In den letzten Jahren sind die Dimensionen der Kreuzfahrtschiffe weiter angewachsen. Sie

Alt und Neu: eine Ansammlung von Kreuzfahrtschiffen in Nassau auf den Bahamas im Jahre 2000. Von links nach rechts: die alte Southern Cross, *erbaut 1955 für die englische Reederei Shaw Savill und ein Schiff der Fantasy-Klasse von* Carnival; Disney Wonder, *eines der sehr schönen und zu jener Zeit ganz neuen Schiffe der Disney-Gruppe;* Explorer of the Seas, *damals das größte Kreuzfahrtschiff der Welt; eines der drei Schiffe der Sovereign-of-the-Seas-Klasse, von dem nur ein kleiner Teil der vorderen Aufbauten zu sehen ist.*

Die Noordam *der Holland-Amerika Lijn. Die Unternehmen der Carnival Corporation führten eine Standardisierung beim Bau neuer Schiffe ein (ganz oben).*

In der Karibik ist das Zusammentreffen von Ozeanriesen nunmehr tägliche Routine. Die Carnival Glory *(110 000 BRT, Indienststellung 2003) und eines der Monsterschiffe der Voyager-of-the-Seas-Klasse (140 000 BRT oder mehr, Indienststellung von 1999 an) haben gerade ihre Passagiere entlassen und teilen sich für ein paar Stunden dieselbe Pier (oben).*

können nun nicht mehr den Panamakanal befahren und haben zu den meisten Häfen dieser Welt keinen Zugang. Die Riesen der Voyager- und Ultra-Voyager-of-the-Seas-Klasse wurden damit selbst zu einem Ferienort, zu einer eigenen Destination, die sich selbst genügt: Ihre Größe und die Vielfalt der angebotenen Aktivitäten lassen die Wahl der Reiseroute und der Zwischenstopps fast als zweitrangig erscheinen.

Trotz eines Rauminhalts von fast 160 000 BRT bei einer Länge von 340 m werden diese Riesen wohl schon in wenigen Jahren weiter übertroffen werden. In der Kreuzfahrtindustrie ist die Jagd nach Größe noch lange nicht am Ende angelangt. Was aber die Dimensionen ihrer größten Schiffe anbelangt, hat die RCCL im Vergleich zum anderen Riesenunternehmen, den Carnival Cruises, die Nase vorn.

CARNIVAL CRUISES UND DIE EROBERUNG DER WELT

Zu Ende der 1960er-Jahre galt die Reederei Carnival Cruises als eine der Marktführerinnen auf dem Kreuzfahrtsektor. Sie besaß drei umgebaute Schiffe, die *Mardi Gras* (früher *Empress of Canada*), die *Carnivale* (früher *Empress of Britain*) und die *Festivale* (früher *Transvaal Castle*). Unter der Ägide von Ted Arison, der einige Jahre zuvor eine Schlüsselrolle bei der Übersiedlung der NCL nach Miami gespielt hatte, verdiente das Unternehmen nach zögerlichen Anfängen sehr viel Geld und entwickelte sich zu einer ernsthaften Konkurrenz für die NCL und die RCCL.

Eine der Stärken von Carnival Cruises war es gewesen, dass sie sehr früh ein zwangloses, aber qualitativ hochstehendes Produkt entwickelt hatten. Man wirft sich auf den Linern von Carnival Cruises nicht in Schale, und man kennt hier keines jener steifen Rituale der traditionellen Kreuzfahrt. Carnival Cruises schaffte es damit in den 1970er-Jahren, Millionen Menschen dazu zu

Die erste Generation der übergroßen Kreuzfahrtschiffe, erbaut für die Royal Caribbean (die drei Sovereign of the Seas, hier die Majesty of the Seas) und die Carnival Cruises (die acht Fantasy-Schiffe).

bewegen, ihre Ferien auf See zu verbringen. Ohne dieses neue, atypische Angebot hätten sie das sicher nicht getan. Abgesehen von diesem neuen Geist verdanken Carnival Cruises ihren Erfolg den Schiffen, die ein wesentliches Element des angebotenen Produkts bilden. An der Seite von Ted Arison spielte Joseph Farcus in dieser Hinsicht eine entscheidende Rolle. Als Innenarchitekt hatte er zunächst mit Morris Lapidus zusammengearbeitet, der einen der allerersten Liner von Carnival gestaltet hatte.

Farcus gründete dann seine eigene Firma und wurde zum privilegierten Partner des neuen Kreuzfahrtriesen, dessen Schiffe er einrichtete. Bei der Konstanz dieser Beziehung denkt man unwillkürlich an das Gespann Ballin/Mewès ein Jahrhundert zuvor. Farcus versagte sich keine Fantasie und keine Extravaganz und bot den Passagieren an, selbst als Schauspieler aktiv zu werden, um eine Erfahrung zu machen, die alle Sinne ansprach. Indem er seine Arbeit der Freizeit und dem Vergnügen widmete, konnte er die Bezüge und die Themen und die dazu verwendeten Mittel ins Unendliche diversifizieren. Äußerlich sind sich die Schiffe der Carnival Cruises von Serie zu Serie ähnlich. Im Inneren aber sind sie alle von einer bemerkenswerten Vielfalt und Originalität.

Seit 1981 trieb Carnival den Bau neuer Schiffe entschieden voran, die dann zum ursprünglichen Trio hinzukamen. Die *Tropicale* war ein Prototyp und hatte keine unmittelbare Nachfolgerin. Das Schiff behielt einen traditionellen allgemeinen Aufbau bei, wobei die Speisesäle ganz unten lagen. Es besaß jedoch schon den von Farcus entworfenen zweiflügeligen Schornstein. Er wurde zu einem der Embleme von Carnival Cruises. Man weiß aber nicht, ob sich der Architekt von den Schornsteinen der *France* oder vom T-Leitwerk eines Flugzeugs inspirieren ließ.

Auf die *Tropicale* folgten in der Mitte der 1980er-Jahre die drei Schiffe der Holiday-Klasse (46 000 BRT), dann zwischen 1990 und 1998 die acht Schiffe der Fantasy-Klasse (70 000 BRT). Im Jahre 1996 war die *Carnival Destiny*, gebaut von Fincantieri, das erste Passagierschiff der Welt, das die Grenze von 100 000 BRT überwand, obwohl man lange geglaubt hatte, dass die Rekorde der *Normandie* und der Queens aus den 1930er-Jahren für ewige Zeiten Bestand haben würden.

Im Jahre 2007 betrieb Carnival rund 25 große Kreuzfahrtschiffe und war Branchenführer, was die Zahl der Passagiere anbelangt. Noch bemerkenswerter ist, dass aus Carnival eine extrem finanzstarke Gruppe entstanden ist. Das Unternehmen von Ted Arison kaufte nach und nach Teile

Die Carnival Triumph, *hier an der Pier in Miami, ähnelt der* Carnival Destiny, *dem ersten Kreuzfahrtschiff, das die magische Grenze von 100 000 BRT überschritt. Seit jener Zeit hat Carnival eine Reihe etwas größerer Schiffe in Dienst gestellt, die aber noch kleiner sind als die größten Liner der Royal Caribbean oder die kürzlich von MSC und Disney in Auftrag gegebenen Riesenschiffe.*

Princess Cruises ist eines der bedeutendsten Unternehmen der Carnival-Gruppe und ein Hauptakteur auf dem amerikanischen Markt. Sie bietet hochwertige Kreuzfahrten auf der ganzen Welt an, auch in Europa und im Mittelmeer. 2007 umfasste die Flotte 17 überwiegend sehr große Schiffe wie die Grand Princess, *hier bei einem Zwischenstopp in Venedig.*

der Kreuzfahrtindustrie auf und baute die erworbenen Firmen um. So entstand die Carnival Corporation. Die erste dieser Erwerbungen war die Holland-Amerika Lijn im Jahre 1989. Heute umfasst die Carnival Corporation etwa zwölf Firmen in vier wichtigen Gruppen: Carnival, Holland Amerika, Princess (in der unter anderen die Cunard Line und P&O enthalten sind) und Costa, die einige Jahre zuvor Paquet übernommen hatte.

Die Gruppe entwickelte eine regelrechte industrielle Strategie, investierte erheblich in jede ihrer Neuerwerbungen und schuf eine gemeinsame Schiffbaupolitik. Die letzten Liner, die Costa in Dienst stellte, ähneln sehr stark denen von Carnival Cruises. Joe Farcus schuf die Inneneinrichtung und passte sich dabei offensichtlich ohne Probleme dem Geschmack der europäischen Kundschaft an.

Die *Arcadia* ist eines der schönsten Schiffe der P&O und zeigt sehr überzeugend die Logik der gesamten Gruppe. Das Schiff wurde bei Fincantieri im Auftrag der Carnival Corporation auf Kiel gelegt, als Name war *Queen Victoria* vorgesehen. Im Jahre 2004, ein Jahr vor der Auslieferung, wurde es der P&O im Rahmen einer Umgruppierung der europäischen Flotte von Carnival Cruises, nun als *Arcadia*, zugewiesen. Die Kiellegung für die *Queen Victoria* war am 12. Mai 2006, die Jungfernfahrt unter Cunard-Flagge begann am 11. Dezember 2007.

KLEINE SCHIFFE UND GROSSE SEGLER

Wirtschaftlich gesehen dominieren im Kreuzfahrtgeschäft die Carnival Cruises und RCCL und die ursprünglich asiatische Star Cruises, der heute die NCL gehört. Diese drei Riesen besitzen rund 130 Schiffe – oder haben sie in Auftrag gegeben. Darunter sind alle Liner mit mehr als 75 000 BRT mit Ausnahme der beiden Schiffe der Disney-Gruppe. Diese erhält 2011 sowie 2012 zwei weitere große Schiffe. Eine weitere Ausnahme finden wir innerhalb der Flotte der Mediterranean Shipping Company (MSC), die gerade zwei Riesenschiffe mit 130 000 BRT in Saint-Nazaire bauen lässt.

Die Firma MSC stellt eine Besonderheit dar, die in der Welt der Kreuzfahrtindustrie extrem selten auftritt. Sie entstand aus einer Gruppe, die mehr als 100 Frachtschiffe betreibt. Im allgemeinen sind Kreuzfahrten ein hoch spezialisiertes Geschäft. Die großen Transatlantikreedereien allerdings transportierten zu ihrer Zeit nicht nur Passagiere, sondern im großem Umfang auch Fracht, wobei die Cunard Line wiederum eine Ausnahme von dieser Regel darstellte.

Die Konzentration großer Kreuzfahrtschiffe in den Händen weniger Reedereien (was nicht ohne Folgen für den Handel mit gebrauchten Schiffen bleiben wird) hinderte die Industrie aber nicht, sich immer stärker zu diversifizieren. Die Beschränkung der großen Reedereien auf

Nischenmärkte: Das Unternehmen Silversea Cruises betreibt vier kleine, aber sehr luxuriöse Kreuzfahrtschiffe auf bisweilen unüblichen Routen, hier unter dem Pont d'Aquitaine bei Bordeaux (ganz oben).
Die Inseln Polynesiens von der spezialisierten Paul Gauguin *aus gesehen (oben).*

Extreme Länder: Eine Kreuzfahrt bietet auch die Gelegenheit, unwirtliche Landstriche kennenzulernen. Zu Alaska und Spitzbergen gesellt sich heutzutage auch die Antarktis. Sie ist, abgesehen von den wenigen für Wissenschaftler reservierten Flügen, nur auf dem Seeweg zu erreichen (oben). Der Panamakanal bleibt eine wichtige Verbindung, insbesondere für längere Kreuzfahrten wie Reisen um die ganze Welt. Die Maße der Schleusen bestimmen noch heute, welche Schiffe den Kanal befahren können. Die meisten Kreuzfahrtschiffe sind so gebaut, dass sie die Schleusen passieren können (rechte Seite).

die wenigen Märkte, auf denen sie dank dem Passagieraufkommen ihre Flotten gewinnbringend nutzen können, führte paradoxerweise dazu, dass Sekundär- oder Nischenmärkte entstanden, die sich zur Zeit ebenfalls in Entwicklung befinden. Mehrere konkrete Beispiele mögen diese Situation beleuchten.

In Nordeuropa wandten die Fährschiffbetreiber in den letzten zehn Jahren erhebliche Finanzmittel auf, um ihr Produkt zu verbessern. Auf diese Weise trugen sie dazu bei, dass die Grenze zwischen Fährschiff und Kreuzfahrtschiff verwischt wurde. Das Fährschiff entwickelte sich weg von der reinen Nutzungsorientierung. Einige Reisefähren der Ostsee, etwa die *Silja Serenade* und die *Silja Symphony*, verfügen über Einrichtungen für Passagiere, die denen moderner großer Kreuzfahrtschiffe sehr ähnlich sehen. Allerdings bleiben bedeutende Volumina immer noch für die transportierten Autos reserviert.

Zur gleichen Zeit wurde Hurtigruten, die seit jeher längs der norwegischen Küste Passagiere und Fracht transportieren, zu einem der bedeutendsten Anbieter der Kreuzfahrtindustrie. Die Dimensionen der Schiffe, die in den letzten Jahren in Dienst gestellt wurden, weisen den fünf- oder sechsfachen Rauminhalt auf im Vergleich zu den ältesten Schiffen, die noch in dieser Flotte dienen (15 000 BRT im Vergleich zu 2000 bis 3000 BRT). Das zeigt, welche Veränderungen dieser Küstenexpressdienst erlebte. Zwar versorgt er wie ein öffentlicher Dienst weiterhin

Nordhalbkugel, Südhalbkugel: Die
Vesteralen gehört zu Hurtigruten,
hier in einem engen norwegischen
Fjord (oben).
Eine Ostseefähre zwischen den
Inseln. Trotz der Kürze der Passa-
gen sind manche Fähren heute
ähnlich wie Kreuzfahrtschiffe
eingerichtet (rechts).
Die Paul Gauguin ist ein kleines
Schiff, gemessen an heutigen Maß-
stäben. Sie wurde 1979 in Saint-
Nazaire gebaut, hat 160 luxuriös
eingerichtete Kabinen und fährt
nur in Polynesien (rechte Seite).

die Küstenstädte, doch die modernen Schiffe wurden darauf ausgelegt, dass die Passagiere für längere Zeit an Bord bleiben.

Im Jahre 1988 bewogen ähnliche Überlegungen die schottische Reederei Hebridean International Cruises, ein kleines Fährschiff in einem Luxusliner zu verwandeln. Die *Columba* war zu Beginn der 1960er-Jahre gebaut worden und knapp über 70 m lang. Sie hatte zeitlebens die Westküste Schottlands bedient mit jeweils kurzen Fahrten zu den Inseln Mull, Iona, Coll, Tiree und Colonsay. Nach dem Umbau nahm das Schiff im April 1989 nunmehr unter dem Namen *Hebridean Princess* erneut den Dienst auf und befuhr weiterhin die schottischen Inseln. Mit ihren 28 Kabinen und einer begrenzten Kapazität von rund 50 Passagieren stellt sie heute eines der luxuriösesten Kreuzfahrtschiffe der Welt dar. Nachdem Königin Elizabeth II. ihre Yacht *Britannia* abgegeben hatte, benutzte sie die *Hebridean Princess* für ihre Kreuzfahrt nach Schottland anlässlich ihres 80. Geburtstages.

Außerhalb der üblichen Routen und außerhalb Schottlands gibt es noch zahlreiche weitere Destinationen. Es entstanden Spezialisten für Langstrecken-Kreuzfahrten zu wenig bekannten, schwer zu erreichenden Zielen oder zu Orten, zu denen man nur beschränkt Zugang bekommt. Die Firma Lindblad Expeditions, die Sven-Olof Lindblad Ende der 1970er-Jahre gründete,

Die wundervolle Canberra *am Kai von Southampton, kurz bevor sie im Herbst 1997 außer Dienst gestellt wurde. Sie war seit 1971 auf der historischen Route der P&O nach Australien gefahren. Den größten Teil ihrer Karriere bestritt sie als Kreuzfahrtschiff, und lange Zeit dominierte sie den britischen Markt.*

betreibt kleine Schiffe und gehört zu den wenigen Unternehmen, die ihre Kundschaft auf die Galapagos-Inseln bringen dürfen. In den letzten Jahren wurden sogar die Arktis und die Antarktis Kreuzfahrtschiffen zugänglich.

Diese Vielfalt der Kreuzfahrtindustrie lässt noch Platz frei für die reinsten und kühnsten Träume – für Passagiere wie für Reedereien! Das kleine Unternehmen Star Clippers wurde 1991 von einem schwedischen Geschäftsmann, Mikael Krafft, gegründet. Für sein neues Unternehmen ließ er zwei sehr schöne Segelschiffe mit einer Länge von etwas über 110 m bauen, die *Star Clipper* und die *Star Flyer*. Seit seiner Kindheit hatte Krafft davon geträumt, der Fünfmaster *Preußen*, einer der legendären Flying P-Liner, die zu Beginn des 20. Jahrhunderts für die Hamburger Reederei Laeisz gebaut worden waren, werde eines Tages wieder die Meere befahren, und sei es auch in erheblich modernisierter Form.

In der Mitte der 1990er-Jahre erfuhr Mikael Krafft, dass in einer Danziger Werft in Polen ein Schiffsrumpf zur Verfügung stand und vielleicht für sein Projekt geeignet war. Es war die *Gwarek* (»Bergarbeiter«), die mit einer rudimentären Takelung versehen werden sollte. Die Bergarbeitergewerkschaft hatte das Schiff zu Ende der kommunistischen Ära in Auftrag gegeben. Durch die politischen Veränderungen in Polen musste der Bau eingestellt werden, und die

Nach der Oriana *von 1995 bewies die* Aurora *des Jahres 2000 – hier vor dem Opernhaus in Sydney – die Erneuerung der Reederei P&O. Nach dem Vorbild der alten* Oriana *und der* Canberra *stellten die neue* Oriana *und die* Aurora *sehr schöne Passagierschiffe dar, die sich gut für lange Reisen eignen. Beide Schiffe wurden von der deutschen Meyer Werft in Papenburg gebaut.*

Auf Kreuzfahrt mit echten Segel-schiffen: Die Star Clipper, das erste Schiff der kleinen auf solche Reisen spezialisierten gleichnamigen Reederei (oben). Die Wiederkehr der großen Preußen, oder ein Traum wird Wirklichkeit. Die Royal Clipper ist das größte Segelschiff der Welt, hier bei geringer Windstärke vor Monaco (rechte Seite).

Gwarek lag nun verlassen in einem Hafenbecken und wartete jahrelang auf einen interessierten Käufer.

Krafft kaufte das Schiff mit der unglücklichen Vorgeschichte und ließ es in die Niederlande schleppen. Er investierte viel Geld, verlängerte den Rumpf für Luxuskabinen und schuf einen weitgehend automatisierten Segler mit Rahtakelung. Im Jahre 2000 erschien die *Gwarek* unter dem Namen *Royal Clipper*. Sie wurde zum größten Segler der Welt und zu einem der schönsten – ohne Zweifel viel mehr als ein gewöhnliches Kreuzfahrtschiff.

Am 15. Juli 2000 wurde das neue Kreuzfahrtschiff unter Segeln auf den Namen *Royal Clipper* in Dordrecht getauft. Das Fünfmastvollschiff gilt mit 134 m Länge, 5000 m² Segelfläche und Platz für 228 Passagiere als zurzeit weltweit größtes Segelschiff, ohne Zweifel ist eine Reise auf diesem Kreuzfahrer ein außergewöhnliches Erlebnis.

Und die Konkurrenz schläft nicht: Der Hamburger Reeder Hermann Ebel plant für die Sea Cloud-Flotte nun das dritte Schiff: Neben der klassischen Viermastbark *Sea Cloud*, gebaut 1931 bei der Friedrich Krupp-Germaniawerft in Kiel, und seit dem Jahre 2000 der Bark *Sea Cloud II*, soll demnächst das neue Vollschiff *Sea Cloud Hussar* 136 Passagieren Kreuzfahrten im Stil einer anspruchsvollen Luxusyacht bieten.

Ein außergewöhnliches Projekt
geht seinem Ende entgegen: Die
Queen Mary 2, die erste der
Queens, die außerhalb von Schott-
land gebaut wurde, verlässt Ende
Dezember 2003 den Hafen von
Saint-Nazaire. Die Vorderfront der
Aufbauten zeigt bereits den
endgültigen Anstrich. Die großen
Öffnungen im Schiffskörper
verraten, dass die Gemeinschafts-
räume weiter unten liegen,
während die Kabinen den größten
Teil der Aufbauten einnehmen.

DIE RÜCKKEHR DER GROSSEN LINER?

Während die Kreuzfahrtindustrie immer schnellere Veränderungen durchmachte, verkörperten einige große Schiffe Kontinuität und Beharrlichkeit. Die *Rotterdam* (1959), die *Canberra*
(1961) und die *Eugenio C* (1966) sollten ursprünglich reguläre Schiffslinien bedienen und
weniger als Kreuzfahrtschiffe eingesetzt werden. Die *Rotterdam* fuhr auf dem Nordatlantik, die
Canberra zwischen Großbritannien und Australien und die *Eugenio C* zwischen Europa und
Südamerika. Den drei Schiffen war gemeinsam, dass sie bis in die zweite Hälfte der 1990er-Jahre
weiterfuhren, und zwar für die Reedereien, die sie hatten erbauen lassen. Zu Ende der 1980er-
Jahre begann man erstmals über einen Ersatz dieser außergewöhnlichen Schiffe nachzudenken. Es zeigte sich dabei, dass ihre Langlebigkeit, ihr Erfolg und ihre Attraktivität für die Kunden

– insbesondere bei den treuen Kunden – mindestens teilweise auf ihre Klassenmerkmale zu-rückzuführen waren: Mit einem großen Liner assoziiert man Qualität und Robustheit, gut ein-gerichtete und verschiedenartige Gemeinschaftsräume und hinreichend komfortable Kabinen für einen längeren Aufenthalt auf See.

Bei mehreren in den letzten Jahren erbauten größeren Schiffen stützte man sich auf dieses Konzept. Man will Kapital schlagen aus dem Bild der großen Ozeandampfer der Vergangenheit. Diesen Weg beschrieb zum Beispiel Costa zu Beginn der 1990er-Jahre, als es die neuen Schiffe *Costa Classica*, *Costa Romantica* und schließlich *Costa Victoria* bauen ließ.

Die P&O bewegte sich noch deutlicher in dieselbe Richtung mit der neuen *Oriana*. Die *Canberra*

Die Queen Mary 2 *im Februar 2007 in San Francisco anlässlich ihrer ersten Reise um die Welt (ganz oben).*
Blick auf die Decks: Die Rettungs-boote sind deutlich höher als bei einem klassischen Kreuzfahrtschiff angebracht, um besser geschützt zu sein vor dem schlechten Wetter im Nordatlantik (oben).

Einer der großen Salons heißt auf der Queen Mary 2 »Queen's Room« – wie damals auch auf der Queen Elizabeth 2. Man vergleiche dazu das Bild auf S. 164 (ganz oben). »Britannia«, das größte Restaurant der Queen Mary 2. Die Innenarchitekten ließen sich ohne Zweifel teilweise vom Speisesaal der Paris der French Line inspirieren, auch wenn wie bei der Queen Mary und der Queen Elizabeth Holz in der Dekoration eine große Rolle spielt (oben, linke Seite).

Die Fortsetzung einer langen Tradition: Im März 2006 wurde ein goldener Glücksbringer am Mastfuß angebracht (oben). Die Queen Mary 2 *bei einem Zwischenstopp in Fort-de-France. Die Silhouette der Stadt zeigt, wie riesig das Schiff ist (rechte Seite).*

war nämlich in Betrieb und der Instandhaltung zu teuer geworden. Die neue *Oriana* war wie ihre Vorgängerin, die allein schon 20 Prozent des gesamten Angebots auf sich vereinte, für den englischen Markt bestimmt. Sie führte, ausgehend von Southampton, Kreuzfahrten vor allem im Mittelmeer und in Nordeuropa durch. Die *Oriana* wurde 1995 in Dienst gestellt. Mit ihrer Silhouette erinnerte sie an das Vorgängerschiff, doch fiel sie eindeutig größer aus: 250 m lang, nahe 70 000 BRT (50 Prozent mehr als die *Canberra*), Kapazität fast 2000 Passagiere.

Angesichts ihres Programms und der Entfernungen, die – ausgehend von den britischen Inseln – zurückzulegen waren, war die *Oriana* als schnelles Schiff konzipiert; 24 Knoten im Vergleich zu den 20 bei Kreuzfahrtschiffen mit Ziel Karibik. In den 1970er-Jahren hatte die P&O alle ihre Kräfte mobilisiert, um das Überleben des britischen Kreuzfahrtgeschäfts zu sichern. Heute besitzt die Reederei sieben große Schiffe. Auf die *Oriana* folgten später bedeutende Neubauten, im Jahre 2000 die *Aurora*, 2005 die *Arcadia*. Schließlich trat die *Ventura*, das größte Schiff von P&O, im April 2008 in den Dienst.

Während es den meisten traditionellen Reedereien gelungen war, die Ressourcen aufzutreiben, um ihre Flotte zu erneuern und vor allem weiter zu entwickeln, blieb die Frage, welches Schiff der *Queen Elizabeth 2* nachfolgen sollte, lange Zeit offen und sorgte für allerlei Gerüchte innerhalb der Kreuzfahrtindustrie. Die *QE2* war der einzige Liner geblieben, der seit der Mitte der 1970er-Jahre die beiden Ufer des Atlantiks regelmäßig miteinander verband.

Nach der Indienststellung der *Queen Elizabeth 2* im Jahre 1969 blieb die Cunard Line ein eher kleines Unternehmen. Es nutzte sein Flaggschiff intensiv und kaufte einige gebrauchte Schiffe dazu. Die Flotte bestand nur aus drei bis fünf Schiffen. Als sich das Kreuzfahrtgeschäft weiter ausdehnte, gab die Gesellschaft kein neues Schiff in Auftrag, wie wenn der besondere Status der *QE2* sie vor einem Niedergang schützen könnte, der sich immer bedrohlicher abzeichnete.

Im Jahre 1996 wurde Trafalgar House, das Mutterhaus der Cunard Line, an die norwegische Aker-Kvaerner-Gruppe verkauft. Diese interessierte sich in erster Linie für den Schiffbau und hatte keinerlei Interesse, die Cunard Line weiter zu fördern. So stand die Firma schließlich erneut zum Verkauf. Im Mai 1998 zahlte die Carnival Corporation 425 Millionen Dollar, um die Aktienmehrheit bei Cunard zu erwerben. Zu jenem Zeitpunkt betrieb sie nur noch zwei Schiffe: die *QE2* und die *Vistafjord*.

Micky Arison, Teds Sohn, gelang somit die Transaktion, die John Pierpont Morgan vor fast einem Jahrhundert nicht zu Ende führen konnte. Die Cunard Line befand sich nun in der Hand amerikanischer Interessen und konnte wiederauferstehen. Die *Queen Elizabeth 2* profitierte zu Ende des Jahres 2000 von einer umfassenden Renovierung der gesamten Inneneinrichtung. Auch die *Vistafjord* wurde einer solchen Operation unterzogen und änderte ihren Namen in

Caronia. Das Wichtigste aber stand noch bevor: Die Carnival Corporation verkündete bald, dass die Cunard Line einen großen Transatlantikliner auf der Route Southampton–New York als Ersatz für die *Queen Elizabeth 2* würde bauen lassen.

Der Schiffsingenieur Stephen Payne erhielt den Auftrag, ein bisher noch nie dagewesenes Projekt zu leiten. Es ging nicht darum, den herkömmlichen Transatlantikliner neu zu erfinden. Er sollte vielmehr nur auf die Erfahrungen mit der *Queen Elizabeth* stützen. Ausgehend davon sollte er einen Riesenliner bauen, der sommers wie winters bei Geschwindigkeiten um 30 Knoten dem Atlantik trotzen konnte. Das Schiff sollte 2600 Passagiere aufnehmen und einen Komfortlevel aufweisen, der dem der besten Kreuzfahrtschiffe nahekam.

Mit diesen Ausgangsbedingungen, die ganz andere waren als beim Bau eines Kreuzfahrtschiffes – abgesehen von den großen Dimensionen –, ergab sich bald eine Reihe grundlegender technischer Forderungen: ein ganz aus Stahl gebautes Schiff, um die Betriebskosten niedrig zu halten und um eine Lebensdauer von 40 Jahren zu garantieren; ein elektrischer Antrieb mit vier Schrauben; Gemeinschaftsräume im tiefsten Teil des Schiffes, Kabinen im obersten Teil, also genau umgekehrt wie bei der *QE2*. Wie die heutigen Kreuzfahrtschiffe sollte der neue Liner die größtmögliche Zahl von Außenkabinen mit einer Veranda aufweisen, ferner eine ganze Reihe von Apartments und Suiten, wie man sie seit den Zeiten der *Normandie* nicht mehr gesehen hatte.

Für die allgemeine Raumaufteilung studierte Stephen Payne genau die Pläne der großen Transatlantikdampfer aus den 1930er-Jahren und übernahm besonders für das zweite und das dritte Deck die axiale Zirkulation wie bei der *L'Atlantique* und der *Normandie*. Den größten Teil der Inneneinrichtung gestaltete Tillberg Design in einem Stil, der an die berühmten Schiffe der 1930er-Jahre erinnern sollte. Auf diese Weise entstanden ein paar besonders gelungene Räume, etwa der Chart Room und die Bibliothek.

Im November 2000 vergab die Carnival Corporation den Bau der *Queen Mary 2* an die Alstom-Werft in Saint-Nazaire – nach einem heftig geführten Konkurrenzkampf, den die Werft Harland & Wolff bis zuletzt gehofft hatte zu gewinnen. Die Auslieferung der *Queen Mary 2* in den letzten Tagen des Jahres 2003 und schließlich die erste Fahrt zu Beginn 2004 markierten das Ende eines technischen und menschlichen Abenteuers, das ebenso aufregend war wie die Realisierung der großen *Normandie*. Mit Baukosten von fast 800 Millionen Dollar, einer Länge von 345 m, einem Rauminhalt von 150 000 BRT und ihrer überlegenen Geschwindigkeit steht die *Queen Mary 2* heute außerhalb jeglicher Norm!

Das große Jahrhundert der Passagierschiffe geht mit der Indienststellung dieses Schiffes zu Ende, von dem niemand vor 20 Jahren zu träumen gewagt hätte. Kann man daraus den Schluss ziehen, dass eine Renaissance der großen Transatlantikliner bevorsteht? Wohl kaum, denn bis

Der Wulstbug der R One*, des ersten einer Reihe von acht sehr schönen und sehr luxuriösen Schiffen, die die Werft in Saint-Nazaire für Renaissance Cruises baute. Der Name des Unternehmens beschrieb das Klima der Kreuzfahrtindustrie der 1990er-Jahre. Trotzdem stellte es im September 2001 seine Tätigkeit ein. Die Liner der R-Reihe wurden von anderen Gesellschaften übernommen.*

jetzt scheint kein vergleichbares Projekt für die nächste Zukunft in Vorbereitung zu sein. Die neue *Queen Mary* bleibt ein klassisches Kreuzfahrtschiff, und auch die Cunard Line hat bisher nicht im Sinn, ein zweites ähnliches Schiff in Auftrag zu geben – wie es bei den ersten *Queen Mary* und *Queen Elizabeth* der Fall war.

Sollte man also einfach formulieren, dass der Kauf der Cunard Line und der darauffolgende Bau der *Queen Mary 2* nur das Image des Branchenführers der Kreuzfahrtindustrie, der Carnival Corporation, vervollkommnen sollte? Auch das trifft nicht zu, denn die *Queen Mary 2* wurde für einen engen, aber sehr gut definierten Markt gebaut. Die Carnival Corporation und die Cunard Line nutzen das Schiff offenkundig auf gewinnbringende Weise.

Das Abenteuer der *Queen Mary 2* zeigt schließlich, dass die Kreuzfahrtindustrie erwachsen geworden und doch kreativ geblieben ist. Sie kann Projekte außerhalb jeglicher Norm – man ist versucht, »extravagant« zu schreiben – zu Ende führen, sofern es einen wirtschaftlichen Grund dafür gibt. Diese Feststellung ist durchaus optimistisch, denn man kann darauf hoffen, dass in den nächsten Jahren weitere außergewöhnliche Schiffe auf den Markt kommen werden. Wie sie aussehen und welche Eigenschaften sie haben werden, lässt sich höchstens schemenhaft erkennen.

Gestern und heute – oder zwei Generationen großer Transatlantikliner: Die Queen Mary 2 *nachts im Hamburger Hafen anlässlich eines Aufenthalts im Trockendock. Sie stand damals am Beginn einer langen Karriere unter der Flagge der Cunard Line (oben). Die* France *verlässt vor der Freiheitsstatue zum letzten Mal den Hafen von New York. Die indischen Strände sind noch weit (rechte Seite).*

Legenden und Moderne
Die Queens 2007/2008

LEGENDEN UND MODERNE
DIE QUEENS 2007/2008

Das Jahr 2007 ging als Meilenstein in die lange Geschichte der Cunard Line ein: Zum ersten Mal in der 167-jährigen Firmenhistorie fuhren mit der *Queen Elizabeth 2*, der *Queen Mary 2* und der am 10. Dezember in Southampton getauften *Queen Victoria* drei Queens unter dem roten Löwenbanner der Reederei. Am 13. Januar 2008 kam es dann zum historischen Stelldichein der drei »Königinnen der Meere« in New York. Als die *Queen Mary 2* Kurs auf den Hudson River nahm, wo sie auf die anderen beiden Schiffe wartete, hatten sich Zehntausende an den Ufern versammelt. Minuten später kam die *Queen Victoria*, gefolgt von der *Queen Elizabeth 2*. Die drei Königinnen glitten kurz nach 20 Uhr an der Freiheitsstatue vorbei, wo ein großes Feuerwerk stattfand. Die traditionsreiche Geschichte der Queens, die 1930 mit der *Queen Mary* begann, hatte eine glanzvolle Fortsetzung gefunden.

LETZTER HAFEN LONG BEACH

Die erste Queen der Cunard Line war 1967 zum Ende ihrer 33-jährigen Dienstzeit für 3,45 Millionen Dollar in das kalifornische Long Beach verkauft worden. Die Stadtverwaltung machte aus der *Queen Mary* ein schwimmendes Hotel mit Konferenzzentrum und Museum. Die Umbauarbeiten dauerten knapp vier Jahre, die 1200 Kabinen wurden zu 400 großen Hotelzimmern, die gesamte elektrische Anlage erneuert und eine Klimaanlage eingebaut. Mehrere Betreiber, darunter die Disney Corporation, versuchten mit der Ozeanlegende, die

Die erste Cunard-Queen, Queen Mary, *liegt nach Umbauarbeiten seit 1971 als Hotelschiff im kalifornischen Long Beach (oben). Der »Queen's Room« an Bord der* Queen Victoria *ist dem Landsitz der Königin, Osborne House auf der Isle of Wight, nachempfunden. Der Saal mit Parkettboden wird von zwei Kristallkronleuchtern dominiert. Hier hängen auch drei Kaltnadelradierungen ihrer Lieblingshunde, die für Queen Victoria und Prinz Albert höchstpersönlich angefertigt wurden (linke Seite).*

Zur Taufe der Queen Victoria *am 10. Dezember 2007 erschien Camilla Rosemary Mountbatten-Windsor, begleitet von ihrem Ehemann, dem britischen Thronfolger Prince Charles. Zum Abschluss der Feier stimmten die drei Tenöre Alfie Boe, Jon Christos und Gardar Thor Cortes »Rule Britannia« an und wurden beim Refrain von den 2000 geladenen Gästen unterstützt.*

es auf 1001 Atlantiküberquerungen gebracht hatte, schwarze Zahlen zu schreiben. Die Unterhaltskosten waren aber so enorm, dass die Stadt versuchte, den Liner wieder zu verkaufen. Daraufhin gründete sich eine Bürgerinitiative für den Erhalt der *Queen Mary* in Long Beach. Letztendlich übernahm die RMS-Stiftung im Februar 1993 das Management. Die Stiftung richtete eine Hochzeitskapelle ein, die häufig genutzt wird. Jedes Wochenende wird ein Büffet angeboten, der Sonntagsbrunch ist in und um Long Beach äußerst beliebt und zu einer Institution geworden. Die Besucherzahlen sind mittlerweile auf einem so konstanten Niveau, dass die Kosten gedeckt werden können.

Würdige Nachfolgerin

Das Design für die *Queen Mary 2* war an den Schiffsdesigner von Carnival, Stephen Payne, vergeben worden. Payne orientierte sich an berühmten Ocean Linern und sah sich vor allem die Pläne der *Queen Mary* und der *Queen Elizabeth 2* an. Mit seinem Team reiste er nach Long Beach und verbrachte mehrere Tage auf der *Queen Mary*. Inspiriert von der grandiosen Pracht des alten Liners brachten sie zahlreiche klassische Stilelemente mit in die Planung ein. So sind zum Beispiel die Brückenfront der *Queen Mary 2* mit den stufenförmigen, halbrunden umlaufenden Decks sowie Restaurants und der Queen's Room nach dem historischen Vorbild gestaltet.

Bereits kurz nach dem Kauf von Cunard Line durch die Carnival Corporation hatte der damalige Cunard-Direktor Larry Pimentel im Juni 1998 in Oslo das Projekt eines neuen, riesigen Transatlantikschiffes vorgestellt. Damit war klar, dass Carnival beabsichtigte, die Tradition der legendären Ocean Liner mit ihrem transatlantischen Liniendienst fortzusetzen. Ein Jahr später, am 8. Juni 1999, wurde der Bau eines neuen Cunard-Liners vom Management auch offiziell angekündigt: »Es ist unser Ziel, neue Maßstäbe in der Schiffbaukunst zu setzen.« Dass dies nicht übertrieben war, zeigen die hervorragenden Passagierzahlen und die Begeisterung, die die *Queen Mary 2* seit ihrer Taufe durch die britische Königin Elizabeth II. am 8. Januar 2004 in jedem Hafen hervorruft. Aber der Luxusliner der Superlative sollte nicht der einzige Schachzug bleiben.

100 JAHRE WARTEZEIT

Die Kreuzfahrtwelt horchte erstaunt auf, als Cunard Line am 14. Dezember 2001 einen weiteren Neubau ankündigte. Ein zweites Schiff im transatlantischen Liniendienst hatte Carnival-Vorstand Mickey Arison ausgeschlossen. Das konnte nur bedeuten, dass der Neubau kein klassischer Liner, sondern ein reines Kreuzfahrtschiff werden sollte. Der Neubau sollte *Queen Victoria* heißen – 100 Jahre Wartezeit waren damit vorbei. Denn der Name der am längsten regierenden Monarchin Großbritanniens zählte immer zu den Favoriten. Während der 64-jährigen Regierungszeit von Queen Victoria, die 1837 begann, wurde Cunard Line zu dem, wofür die Reederei heute steht: die berühmteste und traditionsreichste Schifffahrtslinie der Welt.

Nach einer weit verbreiteten Legende wollte Cunard Line schon die erste Queen 1934 *Queen Victoria* nennen. Wie es noch heute üblich ist, wurde das Königshaus bei einer Audienz um die Erlaubnis gefragt, den königlichen Namen führen zu dürfen. Da die höflichen Briten selten direkt nach etwas fragen, sondern den zu erbittenden Umstand beschreiben, fragten die Abgesandten König Georg V., ob sie das neue Schiff nach der größten Königin, die England je gesehen hätte, benennen dürften. Worauf der Monarch zur Antwort gegeben haben soll: »Meine Gattin wäre sehr geschmeichelt.« Da man einen königlichen Wunsch nicht abschlagen kann, musste man das Schiff schließlich *Queen Mary* nennen. Eine schöne Geschichte, aber nur eine Legende, die sich so nie abgespielt hat.

Denn Cunard hatte sich entschlossen, Modifizierungen des ursprünglichen Plans vorzunehmen und den Neubau großzügiger, luxuriöser und mit mehr Komfort für die Passagiere zu gestalten. Das Schiff wurde auf rund 90 000 Tonnen vergrößert, was eine Verlängerung um elf Meter bedeutete, und so geplant, dass es gerade noch durch den Panamakanal passte, ein wichtiger Vorteil auf dem Kreuzfahrtmarkt. Außerdem wurden rund 80 Millionen Dollar zusätzlich für Innenausstattung und Möblierung bereitgestellt. Der Einsatz des jetzt 400 Millionen Dollar teuren Schiffes verzögerte sich dadurch um zwei Jahre.

VOM LINER ZUM WÜSTENSCHIFF

Am 18. Juni 2007 hatte Cunard Line den Verkauf der *Queen Elizabeth 2* für 100 Millionen US-Dollar an Dubai World und damit den Abschied aus dem aktiven Dienst bekannt gegeben. Der Vertrag mit der staatlichen Investmentgesellschaft sah vor, aus dem legendären Ocean Liner eine Touristenattraktion der Extraklasse zu machen. Als die *Queen Elizabeth 2* am 26. November 2008 nach 15-tägiger Fahrt vom Heimathafen Southampton aus in Dubai ankam, ging eine 39-jährige Dienstzeit zu Ende, die längste eines Schiffes für die britische Traditionsreederei. Auf mehr als 5,9 Millionen Seemeilen – das ist Weltrekord für Passagierschiffe – wurden mehr als 2,5 Millionen Passagiere befördert, 25 Weltreisen sowie 806 Transatlantik-Passagen absolviert.

Beim Umbau zu einem Luxushotel mit Konferenzzentrum soll der charakteristische, in traditionellem Rot gestrichene Schornstein abgetrennt und als Eingang vor dem Schiff platziert werden. An seiner Stelle wird ein Penthouse aus Rauchglas mit eigenem Schwimmbad gebaut. Ziel ist es, die spektakulärste Hotelsuite in Dubai zu bieten. Der Maschinenraum wird völlig entkernt, hier ist ein Theater für 500 Zuschauer geplant. Von der Originaleinrichtung sollen nur die Brücke, die Kapitänskabine sowie der Princess Grill erhalten bleiben. Im Herbst 2011 soll der Umbau abgeschlossen sein, an einem eigens gebauten Anleger an der künstlichen Insel »The Palm Jumeirah« wird die *Queen Elizabeth 2* zum letzten Mal vor Anker gehen.

Das »Mauretania«-Restaurant wird nach dem Umbau der Queen Elizabeth 2 *zum Hotelschiff eines von fünf Spezialitätenrestaurants. Als Küchenchef wurde Sternekoch Michel Roux verpflichtet.*

Nachdem der Verkauf der *Queen Elizabeth 2* nach Dubai bekannt gegeben worden war, sah es so aus, als wolle Cunard Line mit der *Queen Mary 2* für die klassische Transatlantikroute und der *Queen Victoria* als elegantem Kreuzfahrtschiff strategisch nur mit zwei Schiffen in die Zukunft fahren. Doch die Vorausbuchungen für die dann im Dezember 2007 in Dienst gestellte *Queen Victoria* liefen so gut, dass das Management schnell über ein weiteres Schiff nachdachte. Am 10. Oktober 2007 gab Cunard Line dann den Bau eines neuen Luxusliners bekannt.

Das neue Schiff wird den Namen *Queen Elizabeth* ohne Zusatz einer Ziffer tragen und damit die Tradition des ersten Liners dieses Namens fortsetzen, der von 1938 bis 1968 für Cunard Line den Transatlantikdienst versah. Mit schwarzem Rumpf, weißem Aufbau und rotem Schornstein wird die *Queen Elizabeth* die klassischen Farben der Reederei tragen. Das neue Schiff wird von der italienischen Werft Fincantieri gebaut.

Mit einer Raumzahl von 92 000 wird die *Queen Elizabeth* das zweitgrößte jemals für Cunard Line in Dienst gestellte Schiff werden. Die Baukosten für den 2092 Passagiere fassenden Liner sollen bei etwa 500 Millionen Euro liegen, die Jungfernreise ist für den Herbst 2010 geplant. Mit der *Queen Elizabeth* wird die Reederei, nach dem Ausscheiden der *Queen Elizabeth 2* im November 2008, zwei Jahre später erneut über drei Queens in der Flotte verfügen.

Das Royal Court Theatre der Queen Victoria *mit 800 Plätzen ist den Häusern im Londoner West End nachempfunden. Zum ersten Mal auf See gibt es 16 Privatlogen mit Service.*

Anhang

Von oben nach unten und von links nach rechts: Werbung der Firma Chargeurs Réunis, gestaltet von René Gruau, 1930er-Jahre, für Kreuzfahrten nach Sumatra und Java mit der Baloeran von Rotterdam aus; Plakat der French Line, etwa 1914; Plakat der Cunard Line, 1936/37 mit Queen Mary, Berengaria und Aquitania; Plakat der CGT. Rechte Seite: Plakat von Vincent Guerra für die Messageries Maritimes.

Von oben nach unten und von links nach rechts: Edith Piaf 1947 an Bord der Queen Elizabeth *in New York; Frank Capa mit seiner Frau 1937 an Bord der* Normandie *in Southampton; Francis Scott Fitzgerald, Zelda Sayre und Scotty, etwa 1925; Josephine Baker und Jo Bouillon 1950 im New Yorker Hafen.*

Von oben nach unten und von links nach rechts: Charlie Chaplin und Familie auf der Queen Elizabeth *am 22. September 1952 in Cherbourg; Lucienne Boyer 1934 an Bord der* Ile de France *in New York; Barbara Stanwyck und Robert Taylor an Bord der* America *in Southampton, 28. März 1947; Marlene Dietrich mit amerikanischen Soldaten auf der* Queen Elizabeth, *Juli 1945.*

Der Weg der France *bei ihrer ersten Weltreise
1972 (ganz oben).
Ansicht der* Normandie *und Ersttagsbrief,
gestempelt am 25. Mai 1935 an Bord der
Normandie, am ersten Tag ihrer Jungfernreise
(oben).
Plakat zur Einweihung des Theatersaals auf der
Ile de France 1949 (Mitte).
Werbung für einen Aperitif mit dem Bild der
Normandie (Mitte rechts).
Vitrine eines Sammlers mit einem Modell der
Paris der French Line (unten rechts).*

Von oben nach unten und von links nach rechts:
Broschüre der CGT 1932–34; Rasierklingen der
Marke Ile de France; Broschüren anlässlich der
Wiederkehr der Ile de France und der Indienst-
stellung der Flandre 1952; Souvenir von der
Jungfernreise der Normandie; Fächer von 1955;
Vitrine mit Modell der Ile de France und
Plakaten der Compagnie Générale
Transatlantique.

SCHIFFSREGISTER

Literatur

Es gibt Hunderte von Büchern über große Passagierschiffe. Die im Folgenden genannten Titel sind besonders zu empfehlen.

Unter den allgemeinen Werken zur Geschichte der Transatlantikschifffahrt stechen hervor: Transatlantic von Stephen Fox (Harper Collins 2003) behandelt die Zeit von den allerersten Anfängen (1840) bis zur Indienststellung der Lusitania und der Mauretania. The Only Way to Cross von John Maxton-Graham (PSL 1983, erstmals 1972 veröffentlicht unter dem Titel The North Atlantic Run) bleibt ein unumgängliches Standardwerk. Das fünfbändige Werk Die großen Passagierschiffe der Welt von Arnold Kludas (Stalling 1972–1974) behandelt alle Schiffe mit mehr als 10 000 BRT, die zwischen 1858 und 1976 gebaut wurden.

Einige mit Fotos reich ausgestattete Bücher stellen wichtige Quellen dar, besonders die Werke von William H. Miller, herausgegeben von Dover, etwa The First Great Ocean Liners, 1892–1927, The Great Luxury Liners, 1927–1954, Great Cruise Ships and Ocean Liners, 1954–1986, The Fabulous Interiors of the Great Ocean Liners. Das kürzlich erschienene Buch Liners of the Golden Age von W. H. Miller, A. Cooke und M. Eliseo (Carmania Press 2005) stellt eine Ikonografie von bemerkenswerter Qualität und Vielfalt dar.

Von den größten und schönsten Schiffen handeln einzelne Monografien: Die Geburt einer Legende. Entstehung und Bau der Titanic von Michael McCaughan (Delius Klasing 1999), eine große illustrierte Geschichte; Rex: Regis nomen, navis omen von Maurizio Eliseo (Albertelli 1992); Normandie, un chef-d'oeuvre français von Frédéric Ollivier (Chasse-Marée 2005); The Mary, the Story of Number 534 von Neil Potter und Jack Frost (Shipping Book 1998); Christoph Engel/Knut Gielen/Kay Rademacher: Queen Mary. Das größte Passagierschiff unserer Zeit (Delius Klasing 2008); Christoph Engel/Knut Gielen/Ingo Thiel: Die Königinnen der Meere. Queen Elizabeth 2, Queen Mary 2, Queen Victoria (Delius Klasing 2008); Queen Mary von James Steele (Phaidon 2001); SS Unites States, Fastest Ship in the World von Frank O. Braynard und Robert H. Westover (Turner 2002); Le Paquebot France von Armell Boucher Mazas (Norma 2006).

Über die Entwicklung der Kreuzfahrt und ihrer modernen Schiffe kann man empfehlen: AIDA. Die Erfolgsstory von Ralf Schröder und Michael Thamm (Delius Klasing 2008); Liners to the Sun von John Maxtone-Graham (Sheridan House); The Only Way to Cross, Cruise Ships, an Evolution in Design von Philip Dawson (Conway 2000); Cruise, Identity, Design and Culture von Peter Quartermaine und Bruce Peter (Laurence King 2006); Croisière d'aujourd'hui von Iwen Maassen (Chasse-Marée 2007)

Bildnachweis

Akg-images: 22, 27. Alain Denantes/Gamma/Eyedea: 204, 206, 207u., 208. Albaimages/Alamy: 182. André Maslennikov/Age Fotostock/Hoa-Qui/ Eyedea: 180o. Brunoi Perousse/ Hoa-Qui/Eyedea: 210. Christoph Engel/Knut Gielen: 218. Claver Carroll/Age Fotostock/Hoa-Qui/Eyedea: 201. Coll. Association French Lines: 144, 150u.,152, 154, 155, 156. Coll. Brugnon-Perrin/Kharbine Tapabor: 48-49, 216o. Coll. Chasse-Marée: 44u., 46, 47o. Coll. F. Ollivier: 166. Coll. Gal-doc/Kharbine Tapabor: 47u. Coll. part.: 24, 72, 73, 85, 216 o.,216 u., 220, 221. Danita Delimont/Alamy: 183. David Parker/Imagestate/Eyedea: 197. Dirk Rotermundt: 220, 221. Doug Scott/Age Fotostock/Hoa Qui/Eyedea: 9r., 194, 199. DR: 23u., 54. Emmanuel Valentin/Hoa-Qui/Eyedea: 187. Ethel Davies/Imagestate/Eyedea: 171r. Francis Demange/Gamma/Eyedea: 205u. Frank Senant: 188o., 188u. Géraldine Bodet: 212o. Gérard Sioen/Rapho/Eyedea: 190–191. Hapag-Lloyd Hamburg: 20. Henri Salomon/Gamma/Eyedea: 209. Hurtigruten: 198u. Jean-Baptiste Leroux/Jacana/Eyedea: 172–173. Jean-Marc Charles/Rapho/Eyedea: 196. Jean-Marc Lecerf/ Hoa-Qui/Eyedea: 193. Jean-Paul Cere/ Gamma/Eyedea: 177. Joanna Jhanda/KPA/Gamma/Eyedea: 205o., 207o. Keystone-France/Eyedea: Rückseite u., 8, 10, 11, 12, 13, 14, 15, 16, 17, 36u., 41u., 56, 57, 48, 62, 63, 64, 65r., 67, 68, 70,71, 74, 75, 78, 79, 80, 81, 82–83, 86, 87, 89, 90o.,91o., 100, 101, 103, 104, 105, 109, 110, 111, 112–113, 114, 115, 116, 117, 121, 123, 124,, 127, 128, 129, 130, 131, 132, 133, 134–135, 136, 137, 138, 139, 141, 142, 143, 144, 145, 146, 147, 148–149, 150o., 151, 153, 158–159, 160, 161, 162–163, 164, 165, 214u. (Explorer Archives), 218, 219. Mariner's Museum, Newport News: 23o., 40, 41o., 84. Mary Evans/Eyedea: 9l., 21, 32, 33, 34, 36o., 37, 38, 42, 43, 53, 55, 61, 65r., 66, 69, 76, 77, 99o., 106, 107, 120, 122. Michael Friedel/Rapho/Eyedea: 202, 203. Michel Renaudeau/Hoa-Qui/Eyedea: 35, 170, 174, 175, 176, 184–185, 195u. Michèle Lavalette/Gamma/Eyedea: 180, 181o., 181u. Musée National de la Marine, Paris: 24, 39, 44–45o.,45u., 88, 90u., 91u., 92, 93, 94, 95, 96–97, 98, 99u., 108, 125, 126, 140, 157, 167, 217. National Portrait Gallery, London: 29. Philippe Roy/Hoa-Qui/Eyedea: 179, 195o. Roger Allen Photography/Alamy: 200. Roger-Viollet: Rückseite o., 26r., 28, 50–51. Terrance Klassen/Age Fotostock/ Hoa-Qui/Eyedea: 186. Ullstein Bild: 26l., 30–31, 52. Vario Images GmbH & Co.KG/Alamy: 212. Walter Bibikow/Age Fotostock/Hoa-Qui/Eyedea: 189, 192. William Stevens/Gamma/Eyedea: 178.

Bibliografische Information der Deutschen Nationalbibliothek
Die Deutsche Nationalbibliothek verzeichnet diese Publikation in der
Deutschen Nationalbibliografie; detaillierte bibliografische Daten
sind im Internet über
http://dnb.d-nb.de abrufbar

1. Auflage
ISBN 978-3-89225-619-9

Titel der französischen Originalausgabe:
Le grand siècle des paquebots
© 2007, Éditions Chasse-Marée / Glénat. All rights reserved

© für die deutsche Ausgabe:
2009 Edition Maritim GmbH
Raboisen 8, 20095 Hamburg

Umschlaggestaltung: Buchholz/Hinsch/Hensinger, Hamburg
Inner layout: Jean-Yves Barillec
Übersetzung: Dr. Marcus Würmli, Tianjin
Lithografie: scanlitho.teams GmbH, Bielefeld
Texte Seite 217–221: Ingo Thiel, Hamburg

Printed in China 2009

Vertrieb: Delius Klasing Verlag, Siekerwall 21,
33602 Bielefeld
Tel.: 0521 / 5590, Fax: 0521 / 559115
E-Mail: info@delius-klasing.de
www.delius-klasing.de